베이직 헤어컬러 프로

BASIC HAIR COLOR PRO

저자 프로필

이 재 숙
- 광주여자대학교 미용과학과 교수
- 미용기능장, 이용기능장

김 용 순
- 루디아 헤어 디자인 아카데미 원장
- 대전보건대학교 겸임교수
- 前) 광주여자대학교 미용과학과 겸임교수
- 미용기능장, 이용기능장

김 유 라
- 前) 웰라코리아 교육부 교육강사
- 前) 우송정보대학 뷰티디자인학부 헤어과 겸임교수
- 前) 대전대학교 뷰티건강관리학과 외래교수

전 소 리
- 서경대학교 외래교수
- 前) 광주여자대학교 미용과학과 겸임교수
- 미용기능장, 이용기능장

문 소 희
- 호남대학교 뷰티미용학과 교수

머 리 말

'헤어디자인'은 단순한 헤어스타일을 뛰어넘어 인간의 삶을 하나의 맥락으로, 역사, 사회, 문화, 예술 일반에 나타난 다양성의 표현방식인 트렌드를 통해 시대의 문화정신을 반영한다.

여기에서의 트렌드는 인류의 생활양식, 행동양식, 사고양식 등에 영향을 받기도 하고 끼치기도 한다. 따라서 헤어 디자이너는 시대가 가지고 있는 변화의 흐름을 읽어내는 통찰력과 그 통찰력을 아름다움으로 승화시킬 수 있는 미학적 감각이 필요하다.

인류는 물질문명의 진보를 이루고, 그 물질풍요가 가져다 준 다양한 가치관에 따라 자신을 타인과 구별하고 싶은 욕망이 강해지면서 아름다움에 대한 관심과 중요성이 높아지고 있다

외모가 곧 경쟁력인 시대여서만이 아니라 아름다움에 대한 욕망은 항상 인류 역사와 함께 존재해 왔다. 그러한 아름다움을 느끼는 감각은 촉감이나 후각보다 시각에 더 많이 의존한다.

개성을 돋보이게 하는 헤어스타일 연출에 있어서 모발의 색상은 개인의 취향과 패션 감각을 나타내는 대표적인 요소이며, 모발염색은 자신만의 개성을 연출할 수 있는 가장 효과적인 미용 시술 방법이다.

헤어컬러는 외적 이미지를 강조 또는 보완하여 인간의 미적 가치를 적극적으로 표현해 준다. 사회활동에서 남녀의 구별이 사라지고, 자기 연출과 패션 감각을 중요시하는 젊은 층들의 외모 관심도가 높아지면서 모발염색에 대한 관심과 수요가 증가하고 있다.

또한 현대의학의 발달과 자본주의의 성숙에 힘입어 노령화의 폭이 넓어지면서 사회활동을 연장하기 위한 노력으로 모발염색을 적극적으로 활용하고 있다. 이처럼 헤어스타일 연출에 있어서 모발의 염색은 연령과 외모를 가늠하고 특징짓는 중요한 요소로써 자기관리의 중요한 부분을 차지한다.

이와 같이 모발염색이 시대와 환경을 초월하여 자기연출과 패션의 일환으로 자리 잡은 현재의 트렌드에 맞추어 『베이직 헤어컬러 프로』를 집필하게 되었다.

생활의 필수품이 되어버린 모발염색에 관하여 모발염색의 원리를 포함한 이론과 사용기법 및 특징을 정확히 알고, 올바르게 사용하는 지식이 필요하다. 이에 따라 학교에서나 미용 현장에서 손쉽게 사용할 수 있는 기본적인 지침서가 되도록 구성하였다.

이제 막 헤어컬러에 입문한 학생부터 헤어컬러 트렌드를 반영한 디자인 컬러와 다양한 디자인 컬러기법을 공부하려는 현장의 미용인까지, 모든 이들에게 도움이 되도록 기초 헤어컬러에서 디자인 컬러까지 다양한 기법과 내용을 한눈에 파악하고 영감을 얻을 수 있도록 구성하여 과정 과정마다 깊이 이해할 수 있도록 하였다.

내용의 오류나 치우침이 없도록 노력하였으나 아직도 부족한 점이 많음을 절감하며, 차후에 수정, 보완해 나갈 계획이다. 이 교재가 나오기까지 한마음으로 노력해준 공동 집필자와 촬영에 정성어린 도움을 준 김우진 군에게 감사의 마음을 전하며, 끝으로 이 교재가 나올 수 있도록 배려해 주신 도서출판 구민사 조규백 대표님과 직원 여러분께 진심으로 감사드린다.

2023.03.　공동저자 일동

기초 헤어 컬러 강의 계획서

교 과 목	기초 헤어컬러	연계 교과	응용 헤어 컬러
교과목 개요	모발이론과 색채이론을 바탕으로 염색과 탈색의 기본 개념과 화학적 원리를 이해한다. 염색 및 탈색에 대한 전반적인 시술과정과 시술방법을 학습함으로써 고객의 요구와 조건에 맞는 염. 탈색제를 조제 및 도포할 수 있는 능력과 현장력을 갖춘다.		
교과목 목표	1. 모발이론, 색채이론, 염·탈색 기초이론을 바탕으로 염색과 탈색의 개념과 원리를 이해할 수 있다. 2. 일시적 염모제, 반영구 염모제(산성컬러), (산화)영구 염모제 등의 차이점을 이해하고 적용할 수 있다. 3. 염·탈색의 개념과 원리를 이해하고 모발 조건에 맞는 처방과 시술방법을 적용할 수 있다. 4. 고객의 요구와 조건에 맞는 염색제를 조제 및 도포할 수 있다.		
기자재 및 재료	홀더, 장갑, 드라이기, 수건, 염색붓, 염색볼, 샴푸, 컨디셔너, 꼬리빗, 전자저울, 가발, 호일, 탈색제, 4~10레벨 피스, 산화제6%, 핀셋, 반영구 염모제(클리어,R,Y,B), 영구 염모제(5/00, 6/00, 7/00, 8/00, 8/45, 8/88, 8/3, 8/44, 8/2, 8/6, 6/7), 샴푸대, 온수, 밴드, 물통, 붓, 파레트, 티슈, 물감(R,Y,B)		

수업주제 및 진도내용

주차	수업주제	구분	학습목표	준비물		교재 진도
				개인	단체	
1	오리엔테이션	학습목표	1. 기초 헤어 컬러 교과목의 개요를 이해할 수 있다. 2. 준비물, 평가방법, 과제에 대해 숙지 할 수 있다.	교재, 필기도구	-	
		학습내용	1. 헤어컬러 교과목 개요 2. 수업방향 및 준비물, 평가방법, 과제 안내			
		실습내용	-			
2	모발 이론, 색채 이론	학습목표	1. 모발 염색의 역사에 대해 이해할 수 있다. 2. 모발의 기능에 대해 이해할 수 있다. 3. 모발의 구조와 구성성분에 대해 이해할 수 있다. 4. 모발의 형태적 성질, 모주기에 대해 이해할 수 있다. 5. 멜라닌 색소의 생성과정과 멜라닌의 종류별 차이점에 대하여 학습하고 멜라닌 색소의 양에 따른 비교와 실습을 통해 자연모 레벨을 이해할 수 있다. 6. 색과 빛의 개념 및 정의를 통해 색의 원리를 이해할 수 있다.	교재, 필기도구 3색 색연필 (빨,파,노)	-	p. 23-45 부록
		학습내용	1. 모발 염색의 역사 2. 두피·모발의 구조 3. 모주기 4. 모발의 구성성분 및 특성 5. 멜라닌의 종류 6. 모발의 멜라닌 색소 양에 따른 이해			
		실습내용	1. 멜라닌색소의 양에 따른 구성색소 비율표 완성하기			

수업주제 및 진도내용						
주차	수업주제	구분	학습목표	준비물		교재 진도
				개인	단체	
3	색의 혼합	학습목표	1. 색의 3속성에 대해 이해하고 1차색을 조색하여 2차색과 3차색을 만들 수 있다. 2. 보색원리를 이용해 중화색상을 만들 수 있다. 3. 1차색을 혼합하여 갈색과 검정색을 만들 수 있다.	물통, 붓, 파레트, 티슈, 실습지, 염색붓, 염색볼, 꼬리빗, 10레벨 피스, 호일, 장갑, 수건, 드라이기	물감 (R,Y,B), 반영구 염모제 (R,Y,B), 샴푸, 컨디셔너,	p.33-45 p.94-99 부록
		학습내용	1. 색의 이해 2. 2차색상과 3차색상 3. 색상의 중화			
		실습내용	1. 1차색, 2차색, 3차색 만들기 2. 보색 색상 만들기 3. 갈색, 검정색 만들기 4. 피스를 활용한 12 색상환 만들기 5. 피스를 활용한 보색중화			
4	모발의 색상과 명도 변화 1	학습목표	1. 자연모 레벨에 대해 이해하고 설명할 수 있다. 2. 블리치 레벨(언더코트)에 대해 이해하고 설명할 수 있다. 3. 반사빛에 대해 이해하고 설명할 수 있다. 4. 명도에 따른 10레벨의 자연모 레벨 스케일을 만들 수 있다. 5. 헤어피스에 탈색(블리치)제를 도포할 수 있다. 6. 자연모 탈색 시 방치 시간을 결정하고 완성할 수 있다.	염색붓, 염색볼, 꼬리빗, 4레벨 피스, 호일, 장갑, 수건, 드라이기	탈색제, 산화제6% 샴푸, 컨디셔너, 전자저울	p.63-67 p.109-111 부록
		학습내용	1. 모발의 색상 2. 자연모 레벨			
		실습내용	1. 10레벨 자연모 레벨 스케일 만들기			
5	모발의 색상과 명도 변화 2	학습목표	1. 고객과의 상담을 통해 고객컬러차트를 작성할 수 있다. 2. 자연모 레벨에 따라 반영구 염모제와 영구 염모제의 방치 시간을 결정할 수 있다. 3. 반영구 염모제와 영구 염모제를 도포할 수 있다.	염색붓, 염색볼, 꼬리빗, 피스6세트 (5, 6, 7, 8, 9레벨), 호일, 장갑, 수건, 드라이기	반영구 염모제 (R,Y,B), 영구 염모제 (8/45, 8/88, 8/3, 8/44, 8/2, 8/6), 산화제6%, 샴푸, 컨디셔너, 전자저울	p.80-88 p.112-117 부록
		학습내용	1. 자연모 레벨 2. 염모제 도포법			
		실습내용	1. 명도에 따른 반영구 염모제 도포 2. 명도에 따른 영구 염모제 도포			

<table>
<tr><th colspan="8">수업주제 및 진도내용</th></tr>
<tr><th rowspan="2">주차</th><th rowspan="2">수업주제</th><th rowspan="2">구분</th><th rowspan="2">학습목표</th><th colspan="2">준비물</th><th rowspan="2">교재 진도</th></tr>
<tr><th>개인</th><th>단체</th></tr>
<tr><td rowspan="3">6</td><td rowspan="3">모발의 색상과 명도 변화 3</td><td>학습목표</td><td>1. 산성염모제 클리어를 활용하여 색상의 채도를 조절할 수 있다</td><td rowspan="3">염색붓, 염색볼, 호일, 10레벨 피스, (12개로 자르기), 장갑, 드라이기, 수건</td><td rowspan="3">반영구 염모제 (R,Y,B, 클리어), 샴푸, 컨디셔너, 전자저울</td><td rowspan="3">p.80-88
p.118-120
부록</td></tr>
<tr><td>학습내용</td><td>1. 모발의 색상
2. 자연모 레벨
3. 언더코트 레벨
4. 파스텔 컬러</td></tr>
<tr><td>실습내용</td><td>1. 반영구 염모제 (산성컬러)를 활용한 파스텔 색상 만들기</td></tr>
<tr><td rowspan="3">7</td><td rowspan="3">염모제 주요성분과 염색 사전 테스트</td><td>학습목표</td><td>1. 알칼리제의 작용 원리에 대해 설명할 수 있다.
2. 산화염료의 작용 원리에 대해 설명할 수 있다.
3. 과산화수소의 작용과 농도에 대해 이해하고 설명할 수 있다.
4. 올바른 패치 테스트, 스트랜드 테스트를 시행할 수 있다.</td><td rowspan="3">염색붓, 염색볼, 밴드, 수건, 장갑, 드라이기</td><td rowspan="3">염모제, 산화제 6%, 탈색제, 전자저울</td><td rowspan="3">p.46-49
p.78-79
p.121-123</td></tr>
<tr><td>학습내용</td><td>1. 염모제의 주요성분
2. 알칼리제
3. 산화염료
4. 과산화수소
5. 기타</td></tr>
<tr><td>실습내용</td><td>1. 패치 테스트
2. 스트랜드 테스트</td></tr>
<tr><td>8</td><td colspan="6">중간 평가</td></tr>
<tr><td rowspan="3">9</td><td rowspan="3">백모 염색과 염색 도포법1 – One Touch</td><td>학습목표</td><td>1. 백모의 정의와 백모 염색 원리에 대해 설명할 수 있다.
2. 백모 염색의 시술과정을 설명할 수 있다.
3. 염모제 도포를 위한 블로킹과 슬라이스를 할 수 있다.
4. 원 터치 도포법을 시행할 수 있다.</td><td rowspan="3">염색붓, 염색볼, 꼬리빗, 가발, 장갑, 수건, 드라이기, 핀셋</td><td rowspan="3">염모제 (6/00), 산화제 6%, 샴푸, 컨디셔너, 전자저울</td><td rowspan="3">p.80-85
p.89-92
p.124-133</td></tr>
<tr><td>학습내용</td><td>1. 백모의 정의
2. 백모 염색 원리
3. 백모 염색</td></tr>
<tr><td>실습내용</td><td>1. One Touch 도포법</td></tr>
</table>

<table>
<tr><th colspan="8">수업주제 및 진도내용</th></tr>
<tr><th rowspan="2">주차</th><th rowspan="2">수업주제</th><th rowspan="2">구분</th><th rowspan="2">학습목표</th><th colspan="2">준비물</th><th rowspan="2">교재 진도</th></tr>
<tr><th>개인</th><th>단체</th></tr>
<tr><td rowspan="3">10</td><td rowspan="3">염색 도포법2
– Two Touch</td><td>학습목표</td><td>1. 염모제 도포를 위한 블로킹과 슬라이스를 할 수 있다.
2. 투 터치 도포법을 시행할 수 있다.
3. 재염색 도포법을 적용할 수 있다.</td><td rowspan="3">염색붓,
염색볼,
꼬리빗,
가발, 장갑,
수건,
드라이기</td><td rowspan="3">염모제
(7/00),
산화제6%,
샴푸,
컨디셔너,
전자저울</td><td rowspan="3">p.80–85
p.134–138</td></tr>
<tr><td>학습내용</td><td>1. 염색의 정의
2. 염색 도포법
3. 재염색 도포법</td></tr>
<tr><td>실습내용</td><td>1. Two Touch 도포법</td></tr>
<tr><td rowspan="3">11</td><td rowspan="3">에멀전과
염색샴푸</td><td>학습목표</td><td>1. 염색 후 올바른 에멀전을 적용할 수 있다.
2. 염색 후 모발과 두개피에 맞는 마무리 샴푸 및 트리트먼트를 선정할 수 있다.
3. 염모제를 제거하기 위한 마무리 샴푸를 할 수 있다.</td><td rowspan="3">장갑, 수건,
드라이기</td><td rowspan="3">샴푸대,
샴푸,
컨디셔너,</td><td rowspan="3">p.86–88
p.139–142</td></tr>
<tr><td>학습내용</td><td>1. 염색 마무리 하기</td></tr>
<tr><td>실습내용</td><td>1. 에멀전
2. 염색샴푸</td></tr>
<tr><td rowspan="3">12</td><td rowspan="3">염색 도포법3
– 신생모
도포법</td><td>학습목표</td><td>1. 신생모 염색 상담과 작업 준비를 할 수 있다.
2. 일치성 유무를 판단하여 작업 방법을 설명하고 제인할 수 있다.
3. 기염모와 신생모를 자연스럽게 연결 할 수 있다.</td><td rowspan="3">염색붓,
염색볼,
꼬리빗,
가발, 장갑,
수건,
드라이기</td><td rowspan="3">염모제
(8/00),
산화제6%,
샴푸,
컨디셔너,
전자저울,</td><td rowspan="3">p.80–85
p.143–147</td></tr>
<tr><td>학습내용</td><td>1. 염색 도포법
2. (원 터치, 투 터치, 쓰리터치)
3. 신생모 도포법</td></tr>
<tr><td>실습내용</td><td>1. 신생모 도포법</td></tr>
<tr><td rowspan="3">13</td><td rowspan="3">탈색 이론과
샴푸 블리치</td><td>학습목표</td><td>1. 탈색 작용의 원리에 대해 설명할 수 있다.
2. 탈색제의 성분에 대해 설명할 수 있다.
3. 탈색제의 종류에 따른 특징에 대해 설명할 수 있다.
4. 샴푸 블리치의 목적을 이해하고 작업할 수 있다.
5. 적당한 비율로 샴푸 블리치를 조재하여 기존 색소를 제거할 수 있다.</td><td rowspan="3">염색붓,
염색볼,
꼬리빗,가발,
온수, 장갑,
수건,
드라이기</td><td rowspan="3">탈색제,
산화제 6%
(20 vol),
샴푸,
컨디셔너,
전자저울,</td><td rowspan="3">p.57–62
p.152–154</td></tr>
<tr><td>학습내용</td><td>1. 모발의 탈색
2. 탈색제의 작용
3. 탈색제의 종류
4. 탈색제 응용 테크닉</td></tr>
<tr><td>실습내용</td><td>1. 샴푸 블리치 (클렌징)</td></tr>
</table>

<table>
<tr><th colspan="7">수업주제 및 진도내용</th></tr>
<tr><th rowspan="2">주차</th><th rowspan="2">수업주제</th><th rowspan="2">구분</th><th rowspan="2">학습목표</th><th colspan="2">준비물</th><th rowspan="2">교재 진도</th></tr>
<tr><th>개인</th><th>단체</th></tr>
<tr><td rowspan="3">14</td><td rowspan="3">탈색 이론과 기본 탈색</td><td>학습목표</td><td>1. 탈색 작용의 원리에 대해 설명할 수 있다.
2. 탈색제의 성분에 대해 설명할 수 있다.
3. 탈색제의 종류에 따른 특징에 대해 설명할 수 있다.
4. 올바른 기본 탈색을 수행할 수 있다.</td><td rowspan="3">염색붓, 염색볼, 꼬리빗, 4레벨피스, 가발, 호일, 장갑, 수건, 드라이기</td><td rowspan="3">탈색제, 산화제 (3%, 6%, 9%), 샴푸, 컨디셔너, 전자저울</td><td rowspan="3">p.57~62
p.148~151</td></tr>
<tr><td>학습내용</td><td>1. 모발의 탈색
2. 탈색제의 작용
3. 탈색제의 종류
4. 탈색제 응용 테크닉</td></tr>
<tr><td>실습내용</td><td>1. 산화제 농도에 따른 명도 변화
2. 기본 전체 탈색(딥 클렌징)</td></tr>
<tr><td>15</td><td colspan="6">기말 평가</td></tr>
<tr><td rowspan="3">16</td><td rowspan="3">톤 다운 염색</td><td>학습목표</td><td>1. 톤 다운 염색의 목적을 이해하고 작업할 수 있다.
2. 고명도의 모발을 보충색을 염모제에 추가 조제하여 저명도로 톤 다운 할 수 있다.</td><td rowspan="3">염색붓, 염색볼, 꼬리빗, 가발, 장갑, 수건, 샴푸, 컨디셔너, 전자저울, 드라이기</td><td rowspan="3">염모제 (6/7), 네이처 컨트롤 (5/00), 산화제6% (20vol)</td><td rowspan="3">p.80~85
p.155~159</td></tr>
<tr><td>학습내용</td><td>1. 보충색을 활용한 톤 다운 기법
2. 혼합법
3. 컬러매치
4. 프리피그멘테이션</td></tr>
<tr><td>실습내용</td><td>1. 톤 다운 염색</td></tr>
</table>

응용 헤어 컬러 강의 계획서

교 과 목	응용 헤어 컬러	연계 교과	기초 헤어 컬러
교과목 개요	고객의 니즈에 따라 적합한 염모제를 배합하여 다양한 기법을 적용함으로써 맞춤형 컬러 서비스를 구현하고 트렌드 맞는 디자인을 제안하고 연출할 수 있다.		
교과목 목표	1. 디자인 컬러를 위한 상담법을 이해하고 적용할 수 있다. 2. 색채계획을 위한 배색 현상 및 색채 심리를 이해할 수 있다. 3. 상황에 맞는 컬러체인지 기법을 선택하여 적용할 수 있다. 4. 슬라이싱, 위빙 등 호일워크 시술 목적 및 방법을 올바르게 알고 적용할 수 있다. 5. 호일을 사용하지 않는 디자인 기법에 대해 올바르게 알고 적용할 수 있다. 6. 디자인 컬러를 분석하고 고객에게 맞춤형 컬러를 제안할 수 있다.		
기자재 및 재료	장갑, 드라이기, 수건, 염색붓, 염색볼, 샴푸, 컨디셔너, 꼬리빗, 전자저울, 가발, 홀더, 호일, 탈색제, 4레벨 피스, 산화제3,6,9%, 핀셋, 반영구 염모제(클리어,R,Y,B), 영구 염모제(5/0, 8/2, 8/45, 7/00, 6/11, 6/88, 6/6, 클리어), 샴푸대, 탈색제, 패션잡지, 가위, 풀		

수업주제 및 진도내용						
주차	수업주제	구분	학습목표	준비물		교재 진도
				개인	단체	
1	오리엔테이션	학습목표	1. 응용 헤어 컬러 교과목의 개요를 이해할 수 있다. 2. 준비물, 평가방법, 과제에 대해 숙지할 수 있다.	교재, 필기도구	-	
		학습내용	1. 헤어컬러 교과목 개요 2. 수업방향 및 준비물, 평가방법, 과제 안내			
		실습내용	-			
2	디자인 컬러 상담	학습목표	1. 일반 상담과 디자인 컬러를 위한 상담법의 차이를 이해하고 상담 시 고려사항 및 주의사항을 숙지할 수 있다. 2. 디자인 컬러에 맞는 상담시트를 작성할 수 있다. 3. 상담시트를 실제 상담에 적용 할 수 있다.	교재, 필기도구	-	p.162~173
		학습내용	1. 디자인 컬러를 위한 상담법 2. 상담시트 작성 및 상담 롤 플레잉			
		실습내용	1. 상담시트 작성 및 상담 롤 플레잉			

<table>
<tr><th colspan="7">수업주제 및 진도내용</th></tr>
<tr><th rowspan="2">주차</th><th rowspan="2">수업주제</th><th rowspan="2">구분</th><th rowspan="2">학습목표</th><th colspan="2">준비물</th><th rowspan="2">교재 진도</th></tr>
<tr><th>개인</th><th>단체</th></tr>
<tr><td rowspan="3">3</td><td rowspan="3">디자인 컬러 배색 및 색채 심리</td><td>학습목표</td><td>1. 디자인 컬러 색채 계획을 위해 색 배색 시 발생하는 현상에 대해 이해할 수 있다.
2. 색이 가지고 있는 고유의 색채 심리와 연상 이미지를 구별하고 설명할 수 있다.</td><td rowspan="3">교재, 필기도구</td><td rowspan="3"></td><td rowspan="3">p.174~188</td></tr>
<tr><td>학습내용</td><td>1. 컬러배색효과 이해
2. 색채 심리와 이미지</td></tr>
<tr><td>실습내용</td><td>-</td></tr>
<tr><td rowspan="3">4</td><td rowspan="3">계절컬러와 퍼스널컬러</td><td>학습목표</td><td>1. 계절 컬러의 특징을 이해하고 구별할 수 있다.
2. 퍼스널 컬러의 정의 및 진단법을 숙지하여 적용할 수 있다.</td><td rowspan="3">교재, 필기도구, 잡지, 풀, 가위</td><td rowspan="3">2절 우드락(블랙)</td><td rowspan="3">p.189~196</td></tr>
<tr><td>학습내용</td><td>1. 계절컬러
2. 퍼스널컬러</td></tr>
<tr><td>실습내용</td><td>1. 계절스크랩 만들기
2. 퍼스널 컬러 진단</td></tr>
<tr><td rowspan="3">5</td><td rowspan="3">컬러체인지</td><td>학습목표</td><td>1. 색의 힘과 보색관계를 이해하고 설명할 수 있다.
2. 컬러체인지 기법을 이해하고 상황에 맞는 라이트닝 기법과 보색을 적용할 수 있다.</td><td rowspan="3">교재, 필기도구, 염색볼, 염색붓, 수건, 드라이기</td><td rowspan="3">4레벨 피스, 산성컬러(빨강, 노랑,파랑), 탈색제, 산화제6%, KP5/0(흑색), 8/2(매트), 8/45(레드), 7/00(브라운), 호일, 전자저울</td><td rowspan="3">p.197~203 부록</td></tr>
<tr><td>학습내용</td><td>1. 색의 힘과 보색관계
2. 컬러체인지 기법</td></tr>
<tr><td>실습내용</td><td>1. 컬러체인지 실습_브라운 만들기</td></tr>
<tr><td rowspan="3">6</td><td rowspan="3">파스텔 컬러 만들기</td><td>학습목표</td><td>1. 파스텔컬러 연출을 위한 언더톤 제거 방법을 이해한다.
2. 파스텔컬러 사후 유지력을 위한 롱 라스팅 기법을 이해한다.
3. 최소한의 탈색과 보색샴푸를 활용하여 파스텔컬러를 연출할 수 있다.</td><td rowspan="3">교재, 필기도구, 염색볼, 염색붓, 수건, 드라이기</td><td rowspan="3">4레벨 피스, 산성컬러(빨강,파랑), 탈색제, KP 6/11, 6/88, 6/6, 클리어, 산화제6%, 9%, 샴푸, 컨디셔너, 호일, 전자저울</td><td rowspan="3">p.204~211 부록</td></tr>
<tr><td>학습내용</td><td>1. 언더톤 제거하기
2. 롱라스팅 기법
3. 파스텔컬러 만들기</td></tr>
<tr><td>실습내용</td><td>1. 파스텔컬러 만들기 실습</td></tr>
</table>

수업주제 및 진도내용						
주차	수업주제	구분	학습목표	준비물		교재 진도
				개인	단체	
7	호일워크1	학습목표	1. 호일워크의 장점과 특성을 이해하고 말할 수 있다. 2. 호일워크 디자인 존의 명칭과 역할을 알 수 있다. 3. 풀헤드(Full Head) 호일워크(Foil work) 섹셔닝을 4등분~12등분까지의 정확하고 빠르게 작업할 수 있다.	교재, 필기도구, 가발, 꼬리빗, 핀셋, 홀더		p.212~220
		학습내용	1. 호일워크 특성이해 2. 디자인 존 명칭과 역할 3. 풀헤드 호일워크 섹셔닝			
		실습내용	1. 풀헤드 섹션(4,5,6,8,12등분)블로킹 실습			
8	중간 평가					
9	호일워크 2	학습목표	1. 슬라이싱 기법을 풀헤드(Full Head) 호일워크(Foil work)에 적용할 수 있다.	가발, 호일, 꼬리빗, 염색볼, 염색붓, 핀셋(U핀), 수건, 장갑, 드라이기	샴푸, 컨디셔너, 전자저울, 약제	p.221~227
		학습내용	1. 호일 접기 방법 2. 풀헤드_슬라이싱			
		실습내용	1. 호일 접기 방법 1. 풀헤드_슬라이싱 실습 (가발적용)			
10	호일워크 3	학습목표	1. 위빙 기법을 풀 헤드(Full Head) 호일워크에 적용할 수 있다.	가발, 호일, 꼬리빗, 염색볼, 염색붓, 핀셋(U핀), 수건, 장갑, 드라이기	샴푸, 컨디셔너, 전자저울, 약제	p.228~232
		학습내용	1. 풀헤드_위빙			
		실습내용	1. 풀헤드_위빙 실습 (가발적용)			
11	호일워크 4	학습목표	1. 디자인 존에 따른 심플테크닉을 이해할 수 있다. 2. 삼각형칩을 포함한 응용 기법을 파샬 헤드(partial head) 호일워크에 적용할 수 있다.	가발, 호일, 꼬리빗, 염색볼, 염색붓, 핀셋(U핀), 수건, 장갑, 드라이기	샴푸, 컨디셔너, 전자저울, 약제	p.233~238
		학습내용	1. 디자인 존에 따른 심플테크닉 이해 2. 파샬 헤드(partial head) 호일워크 적용			
		실습내용	1. 디자인 존에 따른 심플 테크닉 실습(가발적용)			

<table>
<tr><th colspan="7">수업주제 및 진도내용</th></tr>
<tr><th rowspan="2">주차</th><th rowspan="2">수업주제</th><th rowspan="2">구분</th><th rowspan="2">학습목표</th><th colspan="2">준비물</th><th rowspan="2">교재 진도</th></tr>
<tr><th>개인</th><th>단체</th></tr>
<tr><td rowspan="3">12</td><td rowspan="3">With out 호일워크 1</td><td>학습목표</td><td>1. 발레아쥬 기법의 효과를 이해하고 말할 수 있다.
2, 발레아쥬 기법을 모발에 실제 적용할 수 있다.</td><td rowspan="3">가발,
핀셋,
플라스틱 판
(또는 컷트 빗),
염색볼,
염색붓,
장갑, 수건,
드라이기</td><td rowspan="3">탈색제,
산화제6%,
전자저울,
샴푸,
컨디셔너</td><td rowspan="3">p.239~243</td></tr>
<tr><td>학습내용</td><td>1. 발레아쥬 기법 이해
2. 테크닉 실제</td></tr>
<tr><td>실습내용</td><td>1. 발레아쥬 실습(실제모델 or 가발 적용)</td></tr>
<tr><td rowspan="3">13</td><td rowspan="3">With out 호일워크 2</td><td>학습목표</td><td>1. 콤 기법의 효과를 이해하고 말할 수 있다.
2, 콤 기법을 모발에 실제 적용할 수 있다.</td><td rowspan="3">교재,
필기도구,
가발, 핀셋,
컷트빗,
염색볼,
염색붓,
장갑, 수건,
드라이기</td><td rowspan="3">탈색제,
산화제6%,
전자저울</td><td rowspan="3">p.244~248</td></tr>
<tr><td>학습내용</td><td>1. 콤 기법 이해
2. 테크닉 실제</td></tr>
<tr><td>실습내용</td><td>1. 콤기법 실습(실제모델or가발 적용)</td></tr>
<tr><td rowspan="3">14</td><td rowspan="3">With out 호일워크 3</td><td>학습목표</td><td>1. 존 섹션 기법의 효과를 이해하고 말할 수 있다.
2. 존 섹션을 실제 모발에 실제 적용할 수 있다.
3. 다지인컬러 마무리방법을 알 수 있다.</td><td rowspan="3">교재,
필기도구,
가발, 핀셋,
컷트빗,
염색볼,
염색붓,
장갑, 수건,
드라이기</td><td rowspan="3">탈색제,
산화제6%,
전자저울</td><td rowspan="3">p.249~258
p.262~263</td></tr>
<tr><td>학습내용</td><td>1. 존섹션 기법 이해
2. 테크닉 실제 적용
3. 디자인 컬러 마무리방법 숙지</td></tr>
<tr><td>실습내용</td><td>1.존 섹션 (라운드/스타)실습(실제모델 or 가발 적용)
2.디자인 컬러 마무리하기</td></tr>
<tr><td>15</td><td colspan="6">기말 평가</td></tr>
</table>

수업주제 및 진도내용						
주차	수업주제	구분	학습목표	준비물		교재 진도
				개인	단체	
16	디자인 컬러 도해도 분석하기	학습목표	1. 디자인 컬러 적용 이미지의 도해도 및 적용 기법 등 컬러분석을 할 수 있다	교재, 필기도구, 잡지책, 가위, 풀		p.259-261
		학습내용	1. 디자인 컬러 도해도 분석			
		실습내용	1. 디자인 컬러 도해도 분석하기 2. 분석한 내용 공유하기			

Contents

제1장 기초 이론편

제2장 기초 실기편

Contents

제3장 응용 이론 & 실기편

Contents

제1장 기초 이론편

BASIC HAIR COLOR PRO

1. 모발염색의 역사

> **학습목표**
>
> • 모발 염색의 역사에 대해 이해하고 설명할 수 있다.

염색과 탈색(Dyeing and bleaching)은 원시 문명에서부터 시작된 것으로 오랜 역사를 지닌다. 가장 초기 염료는 자연 추출물인 헤나(Henna)와 카모밀레였다. 1930년대 후반까지 활발하게 헤어 숍(Hair shop)에서 헤나가 사용되었으나, 점차 산화 염모제에 밀려 수요가 줄어들었다. 이후 보완한 제품을 현재까지 사용하고 있다.

빅토리아(Victorian, 1830~1900년대) 시대의 여성들은 백발을 감추기 위하여 주로 염색을 하였는데, 이때는 발삼(Balsam), 황(Sulphur), 흑연(Greyness), 소뼈(Beef marrow), 피마자유(Castor oil)의 혼합물에 탄산칼륨, 글리세린, 암모니아, 알코올을 섞어 장미 향수(Rose water)로 로션을 만들고 이를 모발에 도포해 색조를 흡착시켰다.

1883년 이후 Monnet et Cie의 Parisian salon에서 화학염모제가 사용되기 시작했다. 1909년에는 Euqene Schueller에 의해 최초로 시장에 공개되었고 L'oreal이라는 이름으로 대중에게 알려졌다. 이런 초기 염모제들은 소량의 과산화물(Peroxide)과의 혼합으로 다양한 색조를 만들어내는 콜타르(Coaltar)의 파생물인 Para-phenylendiamine이나 Para-tduylene의 복합 성분이었다.

1933년 영국에서는 헤어 숍(Hair shop)에서 시술하는 염모제의 포장지에 경고문과 패치 테스트를 법적 기재 사항으로 정했고, Pharmacy and poison act에서 최초로 제품에 대한 설명서와 소비자 보호 관점의 문구를 내놓았다.

2. 모발 이론

학습목표

- 모발의 기능에 대해 이해할 수 있다.
- 모발의 구조와 구성성분에 대해 이해할 수 있다.
- 모발의 형태적 성질에 대해 이해할 수 있다.
- 모발의 형태적 성질, 모주기에 대해 이해할 수 있다.

(1) 두피의 구조

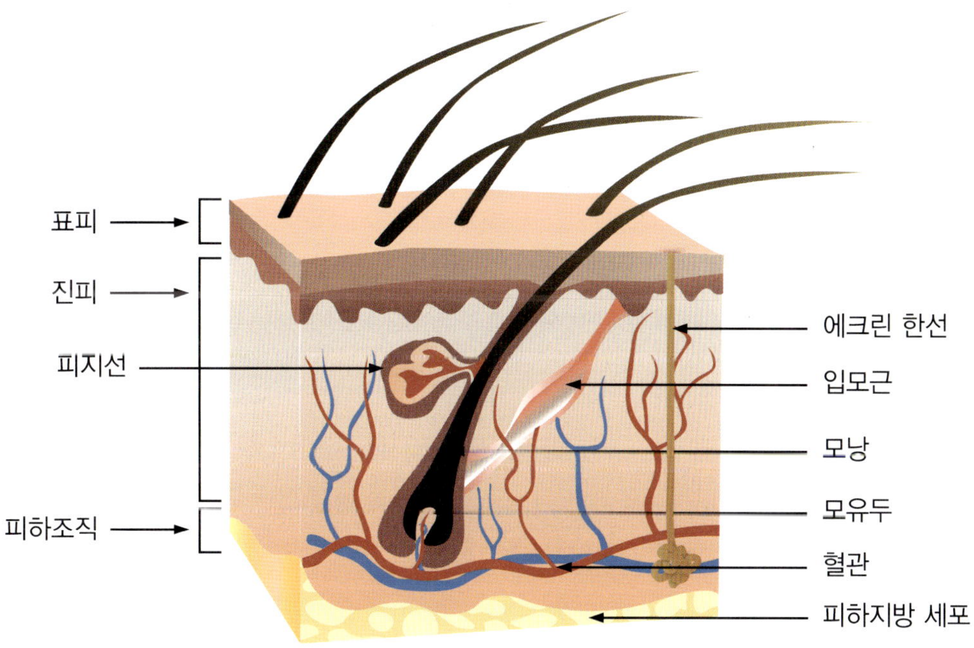

모발은 피부면 내부로 들어가 있는 모근(毛根, Root)부와 외부로 나와 있는 모간(毛幹, Shaft)부로 나누어진다. 모근 부분은 모발 성장이 일어나는 부분으로 이를 둘러싼 여러 부속기관들은 각각의 기능과 특성을 가지고 있다.

1) 모근(毛根, Root)부

두피 속에 들어있는 모근은 모포세포로서 모낭(Hair follicles), 모유두(Dermal papillae), 모구(Hair bulb), 피지선(Sebaceous gland), 한선(Apocrine gland, Eccrine gland), 기모근(Arrector pili muscle) 등의 구조를 가진다.

① 모근과 관련된 구조

모발의 발생은 모낭 하단부인 모구 내의 모모기와 상모구로 구별되며, 모모기 세포는 미분화의 세포로서 분열, 조직화를 시작하면서 모발 조직의 기본인 모수질, 모피질, 모표피와 내근초로 분화, 조직화된다.

- 모구(Hair bulb)

  모근 아래 팽창된 부분을 말한다.

- 모유두(Dermal papilla)

  모구의 중앙 부위에 구상으로 들어간 부분이다. 모유두에는 모세혈관과 신경이 있으며 음식물로부터 영양이나 산소를 섭취함으로써 모발의 발생과 성장을 도와준다. 모유두가 접한 부분에는 모피질(모발 matrix)이 있으며 모발은 여기에서 만들어진다.

- 모모세포(Hair mother cell)

  모발세포를 생산하는 세포로써 모유두에 있는 모세혈관으로부터 영양과 산소를 공급받고 분열을 반복하면서 모발이 형성된다. 이 부분에는 모발에 색을 부여하는 수지상의 색소형성세포(Melanocyte)가 있다.

- 기모근(Arrector pili muscle)

  모공의 아래쪽에 붙은 작은 불수의(不隨意)의 근육으로 자율신경에 의해 지배된다. 이 근육은 공포와 추위에 경직되고 머리카락이 똑바로 서며 피부표면의 소름을 돋게 한다. 기모근의 수축에 의해서 모간의 털이 서면 동시에 피지선이 압박되어 피지의 배출이 촉진되는 작용을 한다. 그러나 눈썹과 속눈썹에는 기모근이 없다.

- 피지선(Sebaceous gland)

  손과 발바닥을 제외한 전신의 피부에 존재하는 피지선은 신체부위에 따라 크기, 형태, 분포도 등이 다르다. 피지선 안에서 생성된 지질은 피지선관의 모공을 통해서 피부표면으로 배출된다. 사람의 피부표면은 피지선으로부터 배출된 피지와 표피유래의 지질로 형성된다. 피지선은 피부의 보습과 유연성을 조절하고 외부로부터 유해물질이나 세균이 침입하는 것을 방지하며, 체내 수분의 증발을 막아준다. 피부지질의 양은 신체 부위별 차이 외에도 나이, 성별, 계절, 시간대, 피부의 온도에 따라서 달라진다. 피지선은 여성보다 남성이 크고, 피지량도 남성이 많다. 태아 및 신생아의 피지선은 성호르몬의 영향으로 기능이 항진되지만 이후 소아기에는 기능이 저하되고, 사춘기가 되면 다시 성호르몬의 영향으로 기능이 항진되다가 나이가 들면 다시 피지선의 기능이 저하된다. 사춘기 초에는 여성의 피지분비가 많으나 점차 남성의 피지분비가 많아진다. 여성의 경우 폐경기 이후 피지 분비가 많이 감소되나 남성의 경우에는 큰 변화가 없다. 피지선의 활동은 호르몬의 영향이 크며, 특히 남성호르몬은 피지선을 비대하게 만들어 지질합성을 증가시킨다.

- 한선(Sweat gland)

한선은 땀을 분비하는 땀샘으로 에크린선(Eccrine sweat gland)과 아포크린선(Apocrine sweat gland)으로 나뉜다. 발한작용은 땀의 분비를 촉진하여 노폐물을 땀과 함께 배출시키는 작용으로 기화열을 가로채어 체온을 저하시키고 고온 환경 또는 격한 운동에 의한 체온상승을 억제시키는 역할을 한다. 에크린선은 전신에 약 230만 개 정도가 분포하며 하루에 1~2ℓ의 땀을 분비한다. 특히 머리, 전액부(겨드랑이 앞면), 손바닥, 발바닥 등에 많이 분포한다.

한선의 분비물은 약산성으로 세균의 번식을 억제시키며, 주요 성분인 나트륨 외에도 요소, 유산, 황화물, 암모니아, 요산, 크레아틴, 아미노산 등을 함유한다. 한선은 자율신경의 지배를 받는데, 노화가 시작되면 구조가 흐트러지고 분비세포가 위축되어 땀의 분비가 감소한다.

아포크린선은 털이 있는 부분과 액와상, 음낭, 대음순, 항문주위 및 젖가슴 주변에 있다. 피지선과 함께 모낭에 연결되어 모공을 향해 열려 있다. 남성보다 여성이 많으며 황색인종보다 백인이, 백인보다 흑인이 많다.

2) 모간(모발, Shaft)

모간은 두피 표면 위에 드러나는 모발의 부분으로 일반적으로 모발의 횡단면에는 3개의 서로 다른 형태의 세포가 있다. 최외층의 세포는 모표피(Cuticle)로 모발섬유의 대부분을 차지하고 있는 모피질(Cortex)을 감싸고 있으며 모수질(Medulla)은 모발의 중심부이다.

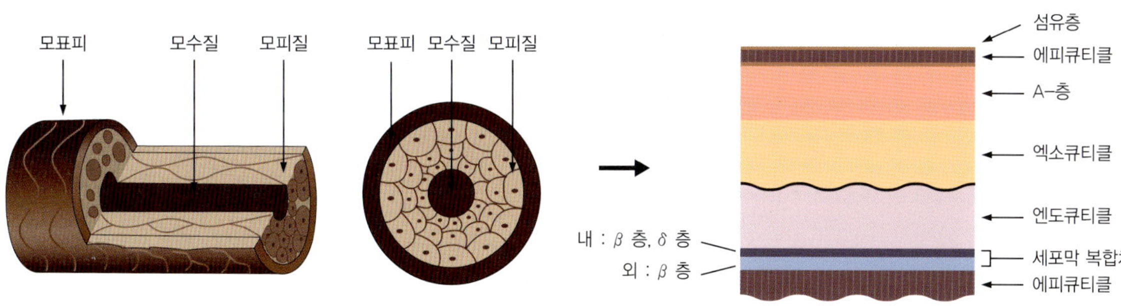

① **모표피(Cuticle)**

모표피는 세포 간충물질을 포함한 세포막으로 형성된 세포막 복합체로, 3겹의 층으로 나누어진다. 섬유외측에는 시스틴(Cystine) 함량이 많고 화학적 저항성이 높은 층인 에피큐티클(Epicuticle)과 중간층인 엑소큐티클(Exocuticle)이 있다. 내측에는 모피질(Cortex)과 인접한 엔도큐티클(Endocuticle)이 있다.

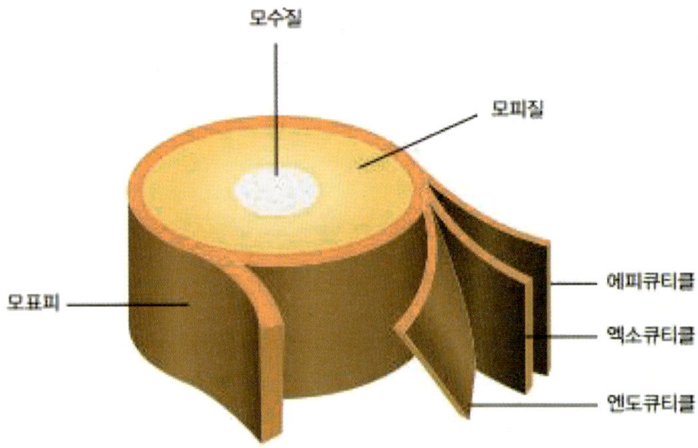

- 에피큐티클(Epicuticle)

  두께 10㎛ 정도의 얇은 막으로 수증기는 통하지만 물은 통과할 수 없는 아주 미세한 부분이다. 다당류, 단백질 등이 견고하게 결합되어 있어 산소와 화학약품에 대한 저항이 가장 강한 층인 반면, 기계적인 작용을 받으면 쉽게 손상된다.

- 엑소큐티클(Exocuticle)

  부드러운 케라틴질의 층으로 시스틴(Cystine)이 포함되어 있고, 퍼머넌트 웨이브제와 같은 약품에는 손상을 받기 쉽다.

- 엔도큐티클(Endocuticle)

  시스틴(Cystine) 함유량이 적기 때문에 시스틴을 절단하는 약품에 대해서는 강하지만, 단백질 침식성의 약품에 대해서는 약한 층이다. 모표피 세포의 사멸된 핵이 있는 부분이다. 내측면에는 양면접착 테이프와 같은 세포막 복합체가 있어, 인접한 모피질을 밀착시킨다. 물(H_2O), 퍼머넌트 웨이브제와 모발 염모제 등과 같은 화학제의 침투 경로인 모표피의 엑소큐티클과 CMC의 틈은 중첩되어 있고 미세하기(5~6Å) 때문에 큰 분자는 침투할 수 없으나 산이나 알칼리에 의해서 팽윤, 연화되어 틈이 생기면 보다 큰 분자도 침투할 수 있다.

- 세포막 복합체(세포 간 물질, CMC, Cell membrane complex)

  모표피를 접착시켜 주는 세포 간 물질인 세포막 복합체는 세포막을 접착시키는 접착물질로 이루어져 있다. 세포 간 복합체는 특히 연신성(늘어나는 성질)이 좋고, 세포 내 물질과는 화학 반응성이 서로 다른 것이 특징이다. 이 복합체는 모표피의 세포 내 단백질보다 쉽게 단백질 분해효소에 의해 분해된다.

② 모피질(Cortex)

인모섬유의 대부분(85~90%)을 차지하고 있으며, 피질세포(결정영역)와 세포 간 결합물질(비결정 영역, 간충 물질)로 이루어져 있다. 모발의 가장 중요한 부분이며 모발의 강도(세기), 탄성, 유연성, 성장의 방향, 굵기, 질, 색소 등을 나타내고 모발의 성질을 결정한다.

모발의 색상(Color)은 모피질(Cortex) 내부의 염색소(Pigment)에 의해 좌우되며, 웨이브(Wave)의 형상 또한 모피질(Cortex)의 물리적 상태에 따라 강약 탄성이 결정된다. 모피질(Cortex)의 물리적 구조(Physical structure)는 수백만 개의 딱딱한 케라틴(Keratin) 섬유가 서로 엉키어 모발의 굵기를 형성한 Polypeptide(아미노산의 다중결합) 구조이다.

- 결정영역(피질세포)

  – 주쇄 결합

  긴 Polypeptide가 규칙적으로 배열된 섬유의 다발(속)로 결합되어 있고, 수소결합이 강한 부분으로서 화학반응을 일으키기 쉬운 영역이다.

  – 매크로필라멘트(Macrofilament, MF)

  직경(폭)이 0.1~0.8μ으로 피질세포의 대부분에 해당되며 마이크로필라멘트(Microfilament)와 이들을 둘러싸고 있는 간충물질(Matrix)로 이루어져 있다.

  – 마이크로 필라멘트(Microfilament)

  Macrofilament는 Microfilament라는 보조 섬유구조로 이루어지며 나선상으로 늘어서 있다.

  – 프록토필라멘트(Protofilament)

  2개의 마이크로 필라멘트를 핵으로 그 주변을 9+2의 모형으로 프록토 필라멘트가 둘러싸고 있다.

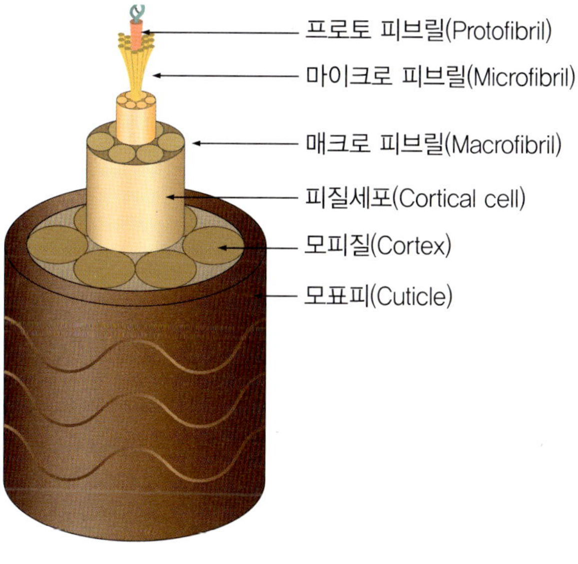

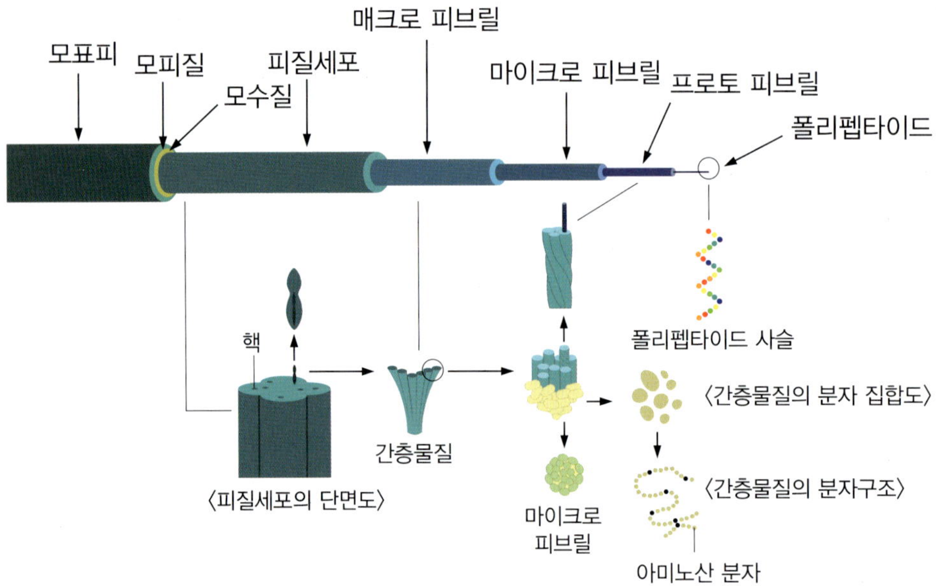

• 비결정영역

시스틴(Cystine) 함유량과 측쇄의 긴 염결합이 많으므로 부드럽고 화학작용을 받기 쉬운 구조이다.

– **간충물질**(Matrix or C–keratin **측쇄결합**)

세포 간 지질이라고도 한다. S(황)의 함량은 다른 부분 또는 섬유 전체보다도 간충물질에 많이 포함되어 있으므로 시스틴(Cystine) 함량이 높다. 2개의 영역상태(결정, 비결정영역)에 따라서 모질의 화학적, 물리적, 역학적인 성질이 크게 변화한다. 특히 비결정영역의 간충물질은 손상을 받기가 쉽기 때문에 모질 손상의 가장 큰 원인이 되는 부분이다. 모발뿐만 아니라 다른 섬유에서도 단단한 섬유부분을 결정영역이라 부르고 섬유 강도를 나타낸다. 간충물질과 같이 유연한 부분은 비결정영역이라 부르며 섬유의 탄성과 약함의 성질을 나타낸다.

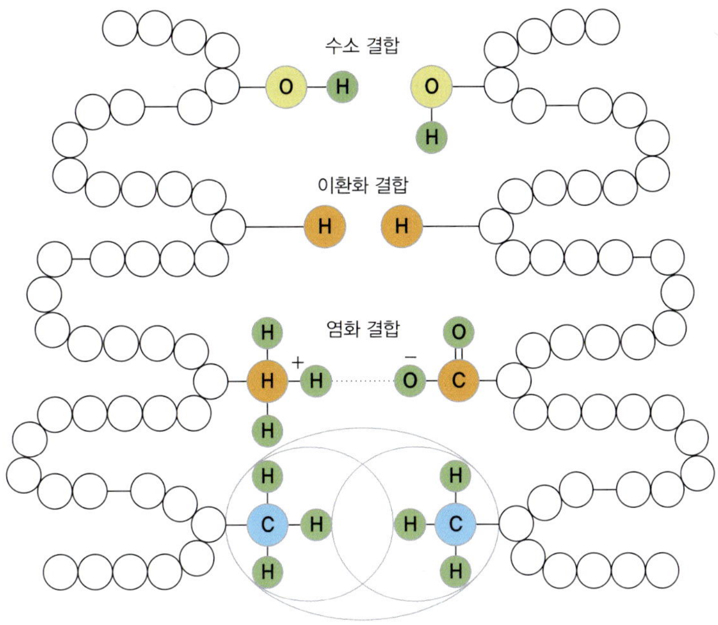

□ 염 결합(Coulombforce or salt linkage $-NH_3$··· OOC–)

등전점 pH 4.5~5.5에서 강하게 결합한다. 아미노산이 펩타이드결합을 만들 때 카복실기와 아미노기가 각각 1개씩 사용되기 때문에 염기성 아미노산은 아미노기가 1개, 산성아미노산은 카복실기가 1개 또는 여러 잔기로서 남아 있다. 퍼머넌트 웨이브제가 알칼리성이 되는 이유는 염결합이 끊어지기 때문이며, 알칼리용액은 결합절단에 사용된다. 라이신(Lysine)($CH(CH_2)_4-NH^{3+}$) 또는 아르기닌(Arginine) 잔기의 (+)로 하전된 암모니움 이온과 아스파르트산(Aspartic acid)(–OOC– CH_2–CH) 잔기의 (–)로 하전된 카르복실기(Carboxyl) 이온 간의 정전기적인 결합으로 pH 4.5~5.5(등전점, 등전대, 등전가)일 때 결합력은 최대가 된다. 이 결합은 케라틴(Keratin) 섬유강도에 약 35%정도 기여하며, 산성과 알칼리성에서 쉽게 파괴된다.

□ 펩타이드 결합(Covalent peptide or ester linkage –CO–NH)

아미노산은 아미노산A의 카복시기(–COOH)와 아미노산B의 NH_2에서 물(H_2O)이 되어 탈수된 후 –CO, –NH로 연결되어 있다. 이 –CO–NH–의 결합을 펩타이드결합(Amide결합)이라 부른다. 이는 Glutamic acid($CH(CH_2)_2$–CO–NH–) 잔기의 카복시기(–COOH)와 라이신(Lysine)(($CH(CH_2)_4$–NH) 잔기의 NH_2에서 물(H_2O)이가 제거되어 –CO–NH가 연결된 결합으로 상당히 강한 결합이다. 규명되지는 않았으나 모발의 케라틴(Keratin) 내에 존재하는 3가지 아미노산기 사이에 결합력이 있다.

□ 시스틴 결합(Covalent disulfide linkage or disulfide bond)

이 결합은 유황을 함유한 모발의 특징을 나타내는 퍼머넌트 웨이브를 형성시킬 수 있는 특유의 단백질로서 다른 섬유에서는 볼 수 없는 측쇄 결합이다. 모발 케라틴(Keratin)의 특징을 나타내는 결합이며 케라틴(Keratin) 내의 시스틴 체인(Cystine bond)에 의해 존재하므로 이 결합이 파괴되면 섬유가 약해져 탄력성이 없어진다. 일반적으로 퍼머넌트 웨이브를 형성하기 위해 모발 케라틴 중의 시스틴 체인을 환원제로 절단하고 롯드로 원하는 웨이브의 강약을 형성한 다음, 그 형태를 유지하기 위해 산화제로 절단된 결합을 본래대로 되돌리고 고정한다. 다시 말해 퍼머넌트 웨이브를 만드는 것은 케라틴이다. 케라틴 α-나사선은 각 펩티드에 있는 이황화결합의 곁사슬결합을 단단하게 결합시킨다. 퍼머넌트 웨이브(축모 교정도 포함)는 이 화학적 성질을 이용한 것이다.

□ 수소결합(Hydrogen bond C = O··· NH)

아미노기($RCONH_2$)와 그것에 인접한 카르복실기(–COOH) 사이의 결합이다. 물에 젖은 케라틴섬유가 건조 상태에 비해서 쉽게 늘어나는 것은 이 때문이다. 건조한 모발은 젖은 모발에 비해 펴기가 더 어렵다. 모발에 수분을 가하여 세팅을 하고 열을 주어 건조시키거나 그대로 건조시키면 원래대로 돌아가지 않는 세팅력이 생긴다. 이 현상을 'Wet wave'라 부른다. 웨이브 상태를 지속하다 모발을 샴푸하거나 분무하면 웨이브의 형상은 없어진다. 이는 수소결합에 의해 일시적인 결합과 절단이 형성된다고 볼 수 있다.

□ 소수결합(Van der Waals forces)

모발단백질의 구조로서 폴리펩타이드(Polypeptide) 사슬 위에서 떨어진 위치에 있는 2개의 시스테인(Cysteine) 잔기가 시스틴(Cysteine) 잔기로 되어 가교결합(Cross-linked bond)을 형성한다. 이를 이황화 결합 또는 S-S결합(이황화결합, Ester 결합)이라 하며, 이 역시 2차 구조의 일부이다.

멜라닌의 종류

① 유멜라닌

입자형. 큰 입자로 구성되어 있다. 빨강+노랑+파랑이 섞인 블랙과 브라운 색상의 모발을 나타낸다. 유멜라닌의 양에 의해 모발의 어두운 명도가 결정 된다. 유멜라닌은 탈색제나 염모제 도포 시 입자가 커서 멜라닌 색소가 쉽게 분해되어 탈락이 용이하다.

② 페오멜라닌

분자형. 작은 분자로 구성되어 있다. 옐로우와 레드 색상의 모발을 나타낸다. 페오멜라닌의 양에 의해 모발의 밝은 명도와 언더 코트의 색상이 결정된다. 페오멜라닌은 탈색제나 염모제 도포 시 입자가 작아서 멜라닌 색소가 분해되기 어려워 작업 후에도 모발에 잔류하기 쉽다.

③ 모수질(Medulla)

모수질은 모발의 중심부근에 공동으로(속이 비어 있는 상태) 죽은 세포들이 모발의 길이 방향으로 불연속적으로 다각형의 세포들의 형상으로 존재하며, 수질세포는 핵의 잔사인 둥근 점들을 간혹 포함하고 있으나 이것의 기능은 잘 알려져 있지 않다. 모수질이 부드러운 케라틴(Keratin)을 형성할 때 모표피(Cuticle)와 모피질(Cortex)은 경 단백질(Hard Keratin)을 형성하며 모발의 색소는 여기에서도 발견된다.

결국 모발은 크게 모표피와 모피질로 나뉘며 경 단백질의 차이로 구별한다. 모수질은 양털처럼 가는 모발에서는 발견되지 않으며 굵은 모발에서만 발견된다. 이는 한랭지에 서식하는 동물 털의 약 50%를 차지하며 보온 역할을 한다. 모수질은 기계적, 화학적으로 거의 손상을 받지 않는다.

3) 모발의 성장주기(모주기)

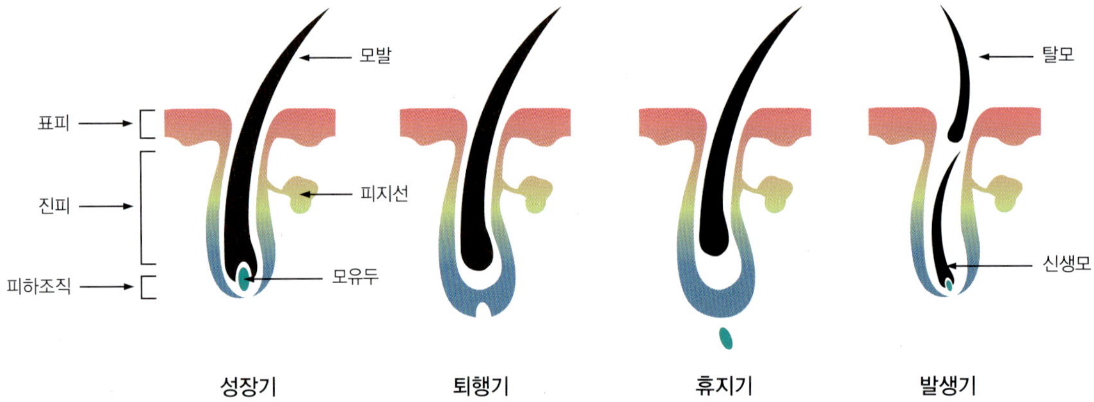

① 성장기(3~6년)

모유두의 활동이 활발해지면서 세포분열이 왕성하게 일어나 모발이 빠른 속도로 자라는 시기이다. 성장기의 수명은 털의 종류마다 다르지만 머리카락의 경우 3~6년 정도이다. 이는 전체 모발의 80~90%를 차지하며 탈모가 있는 사람은 성장기가 짧고 휴지기가 긴 모발성장 주기를 가지게 되어 전체 모발 중 성장기 모발의 비중이 상당히 줄어들게 된다. 일반적으로 성장기에 있는 모발은 한 달에 1~1.5cm정도 자란다.

② 퇴행기(1~1.5개월)

성장기가 끝나고 모발 생장이 점점 느려져 결국 성장이 멈추는 시기이다. 퇴화기의 수명은 1~1.5개월 정도이며 전체 모발의 1% 정도가 이 단계에 속한다. 이 시기에는 모유두와 모구부가 분리되고 모낭이 위축되면서 모근이 위쪽으로 밀리고 세포분열이 멈춘다.

③ 휴지기(4~5개월)

성장의 마지막 단계로 더 이상의 성장은 없고 모낭과 모유두가 완전히 분리되어 모낭이 위축되고 모근은 더욱 위쪽으로 올라가 머리카락이 빠지는 단계이다.

다음 성장기가 시작될 때까지의 수명은 3~4개월이다. 전체 모발의 4~14%가 이 단계에 해당된다. 바로 빠지는 것은 아니고 3~4개월 정도가 유지되지만 강한 브러싱 압력에 의해 빠질 수 있다.

④ 발생기

휴지기가 끝나고 다시 모유두의 활동이 활발해지면서 새로운 모발을 모유두가 만들어낸다. 새로 발생된 모발이 생장하면 휴지기에 있던 모발은 밀려나서 완전히 두피 밖으로 빠져나온다.

4) 모발의 기능

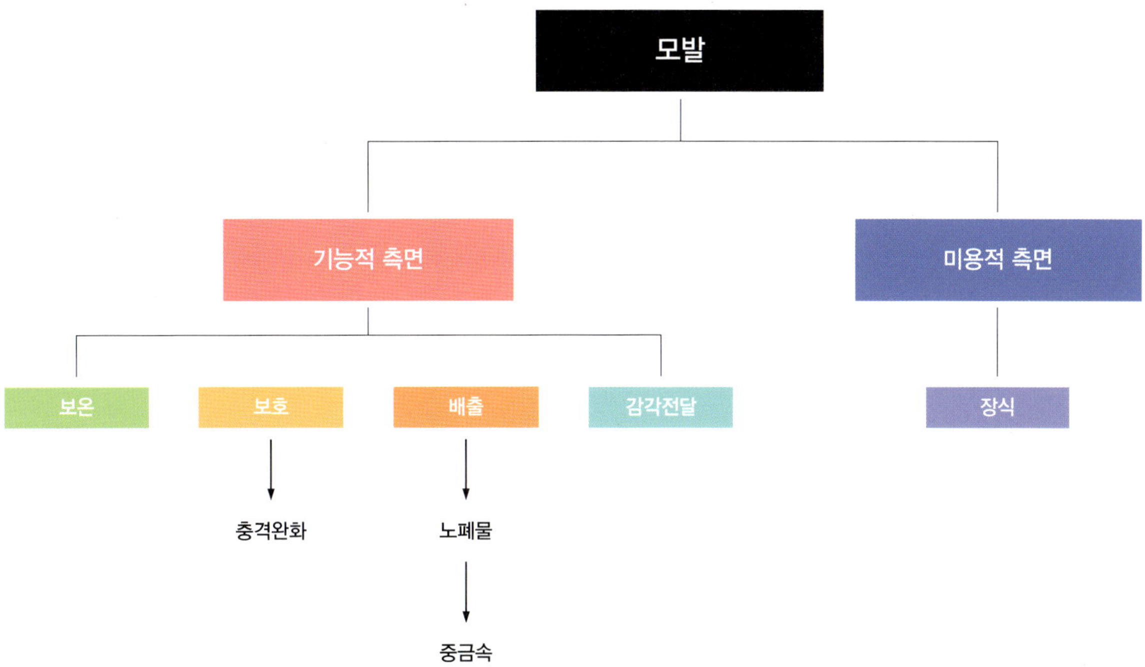

① 보호작용

체모의 대부분은 연모화된 솜털이다. 인체에 결정적인 역할을 하지는 않지만 외부 자극으로부터의 보호 작용을 한다. 두부(머리)에 있는 모발은 외부 자극에 두부를 보호하고, 추위와 더위에 보온을 돕는다. 속눈썹(Eyelash)은 눈으로 땀이 흘러 들어가는 것과 이물질(먼지, 벌레 등)이 들어가는 것을 막아주며, 코털과 귀털도 분진이나 벌레의 침입을 막는다.

② 감각작용

모근의 지방선과 입모근의 약간 얇은 부분에는 지각신경이 방사형으로 분포되어 있어 작은 자극에도 반응한다.

③ 배설기능

신체에 필요하지 않는 유기수은, 비소, 아연 등의 중금속을 흡수하여 체외로 배출하는 기능을 가지고 있다. 인체에 유해한 물질은 모유두를 거쳐 모긴에 흡수되기도 하며 문번으로 배출되기도 한다.

④ 장식적 기능

남성과 여성의 특징을 나타내는 중요한 역할을 하고 미(美) 또는 부(富)를 상징하며 역할과 신분 차이에 따른 계급을 나타낼 수 있다. 같은 사람이라도 헤어 스타일과 헤어 컬러를 표현하는 것만으로도 다른 인상(분위기, Image)을 줄 수 있다.

모발의 pH와 등전점

모발을 구성하는 아미노산은 전기적으로 +와 - 양쪽성의 이온 성질을 가지고 있다. 따라서 모발을 알칼리로 처리하면 -이온으로 존재하고, 산성으로 처리하면 +이온으로 존재한다.

또한 중성용액으로 처리하면 +와 -이온이 같은 상태의 평행을 이루게 되면서 모발이 안정적인 결합상태가 되는데 이것을 '등전점' 이라 한다. 모발 속에 존재하는 20여 종류의 아미노산을 평균화한 모발의 등전점은 pH 4.5~5.5이며, 이 범위 내의 결합이 가장 안정적이다. 따라서 pH 4.5 이하 또는 5.5 이상에서는 모발의 결합력이 약해진다. 모발을 건강히 유지하려면 항상 등전점을 유지해야 한다.

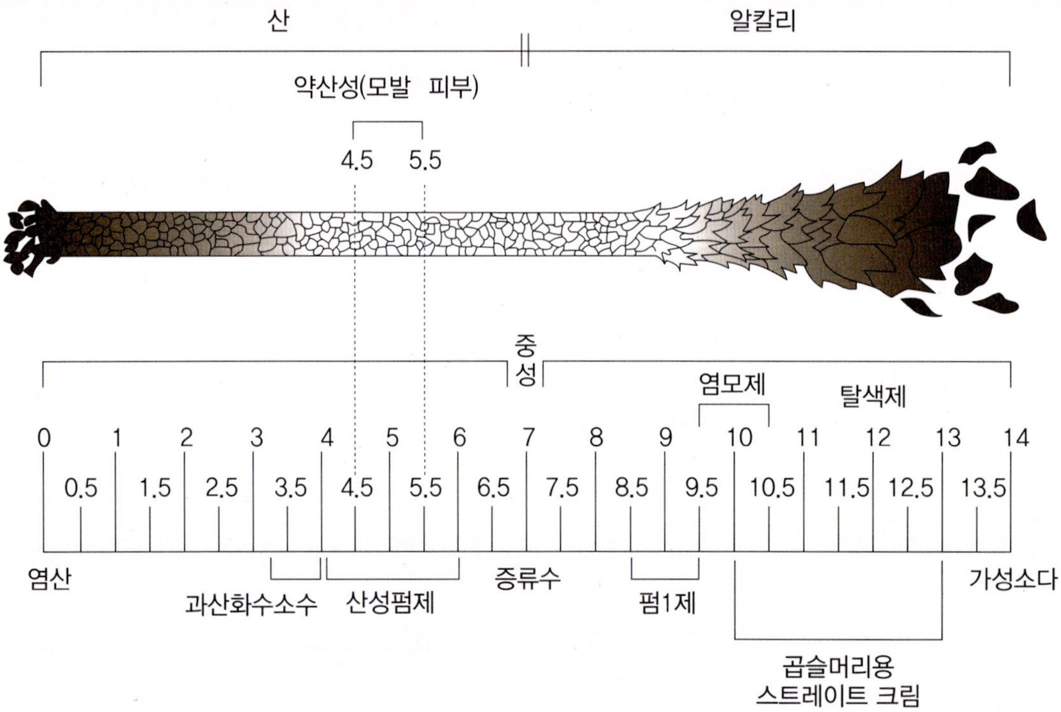

3. 색채 이론

학습목표

- 색과 빛의 개념 및 정의를 통해 색의 원리를 설명할 수 있다.
- 색의 개념적인 분류를 1차색을 이용해 색을 조색할 수 있다.

(1) 빛과 색

1) 빛(Light)

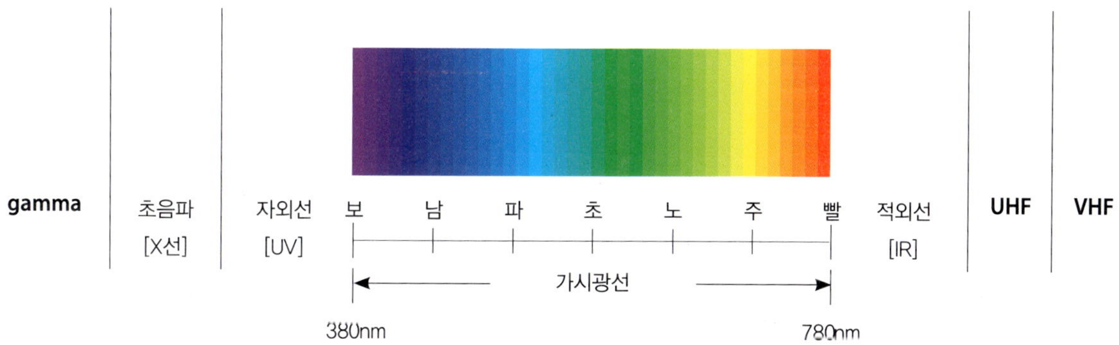

색은 빛의 소산이며 색을 지각하기 위해서는 빛이 반드시 필요하며, 빛이 지상의 만물에 비칠 때 일부는 흡수되어 열로 변하고, 흡수되지 않고 반사된 빛의 일부는 우리 눈에 들어와서 밝기와 색을 느끼게 한다.
빛은 전자파의 일부이며, 전자파는 파장(Wave length)과 주파수(Cycle)에 따라 각각의 성질을 가진다.
빛 중에서 우리 눈으로 지각되는 범위(Visible light : 380nm~78nm의 범위를 가진 전자파)의 것은 가시광선 780nm 이상(열선의 적외선과 라디오에 사용되는 전파), 380nm 이하(자외선, X선)이다.

파장범위(Mm)	색	기호
380~430	청색 띤 자색 bluish purple	BP
430~467	자색 띤 청색 purplish blue	PB
467~483	청색 blue	B
483~488	초록색 띤 청색 greenish blue	GB
488~493	청록 blue green	BG
493~498	청색 띤 초록색 bluish green	BG
498~530	초록색 green	G
530~558	황색 띤 초록색 yellowish green	YG
558~569	황록 yellow green	YG
569~573	초록색 띤 황색 greenish yellow	GY
573~578	황색 yellow	Y
578~586	황색 띤 오렌지색 yellowish orange	YO
586~597	오렌지색 orange	O
597~640	황색 띤 적색 reddish orange	RO
640~780	적색 red	R

(2) 색의 지각(Color sence)

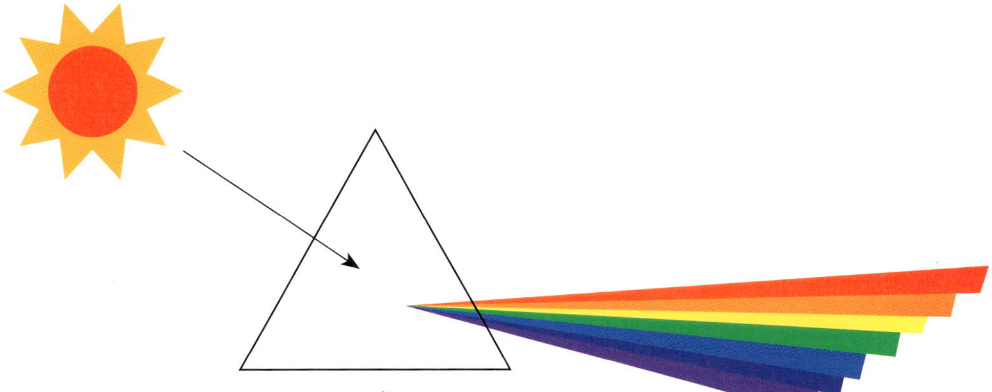

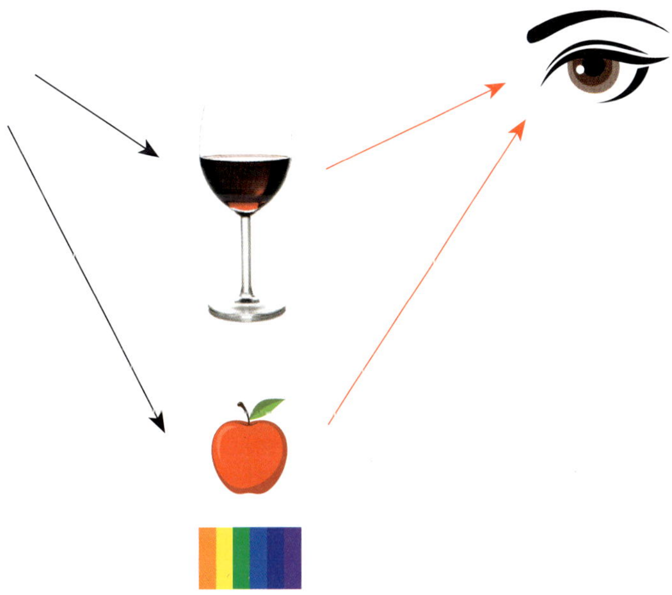

색의 지각이란 빛 파장의 차이에 의해 색이 분별되는 감각을 말한다. 색은 시야의 중심부에서 가장 민감하게 느끼고 주변부에서는 민감하게 느끼지 못하다. 빛이 약할 경우에 눈은 장파장(長波長)보다 단파상의 빛에 내해 민감해지는 현상이 생기는데, 밝은 데서는 노란색, 어두운 데서는 청록색을 가장 밝게 느낀다. 열대지방에서 여름에는 경관이 누르스름하게 보이고, 달밤에는 경관이 푸르스름하게 보이는 것은 이 때문이다.

1) 색과 색채

일상생활 속에서 눈에서 대뇌까지 경로인 시각 전달계를 통하여 외부의 물체를 인지하는 것은 모두 시지각(視知覺 : 푸른 하늘, 노란색나비, 빨간색 장미 등 직접 볼 수 있는 것)이다. 이는 물체의 반사광을 통하여 색을 자각하는데, 지각하는 이들 색의 3속성인 색상, 채도, 명도에 대한 시지각을 색지각(Color perception)이라 한다.

① 색

우리가 일반적으로 사용하는 '색'이라는 단어는 심리 물리색과 지각 색을 총칭하는 것으로 사용된다.

- 색 감각에 의한 색

  색이라는 감각을 물리적인 자극과의 관계로서 취급한 심리, 물리 실험에 의해 얻어진 심리 물리색(Psychophysical color)이라고 부르며, 쉽게 말하면 빛의 색 또는 개구색(Aperture)에 해당한다. 심리 물리색을 표시하는 방법을 혼합색(Color combination system), 개구적인 심리 물리색은 순수한 색(Unrelated color)으로 나눌 수 있다.

- 색 지각에 의한 색

  물체에서 나오는 반사광을 직접 보고 눈을 통하여 대뇌에서 판단된 색으로서 이러한 종류의 색을 지각색(Perceived color)이라 하며 물체의 색을 말한다. 지각색을 표시하는 방법을 현색계(Color appearance system)이라 표기하고, 표면의 지각을 동반하는 지각색을 색채(Related color)라 표기한다.

② 색채

색상, 명도, 채도는 색표로서 표준을 정하여 적당한 번호나 기호를 붙여놓고 시료물체의 색채와 비교하여 물체의 색채를 표시하는 체계이며 표준 색표의 번호나 기호는 일반적으로 색지각의 심리적 속성(색상, 명도, 채도)에 따라서 붙여 놓은 것이다. 색표를 기초로 한 심리적인 색표시 체계가 현색계이다.
방대한 색의 수를 분류하는 데는 일일이 색명(色名)을 붙일 수 없으므로 과학적인 표색방법을 사용한다. 그 중에서도 먼셀 표색계(表色系), 오스트발트 표색계, CIE 표색계(국제조명위원회 표색계)의 3종이 흔히 쓰이며, 먼셀 표색계와 CIE 표색계는 한국 공업 규격(KS)에 채택되어 사용된다.

- 먼셀 표색계

색을 HV/C(H–색상, V–명도, C–채도)의 형태로 나타낸다. 색상을 R(빨간색), YR(오렌지색), Y(노란색), GY(연두), G(초록색), BG(청록), B(파란색), PB(남색), P(보라), RP(자주)의 10종으로 나누며 원주상에 등간격으로 배치하고(色相環이라고 한다) 다시 한 기호의 범위를 10으로 분할하여 1~10까지 번호를 매긴다. 예컨대, 5R은 빨간색의 중앙에 위치하는 대표적인 빨간 색상을 말한다. 명도는 순백(純白)을 V=10으로, 순흑(純黑)을 V = 0으로 하고, 그 사이를 밝기 감각에 따라 1, 2, 3, …9로 분할한다. 채도는 색감의 정도를 무채색 C = 0으로 해서 시작 C = 1, 2, 3, …으로 구분한다. 예컨대, 순수한 적색은 H가 5R, V가 4, C가 14로 5R4/14로 표시된다.

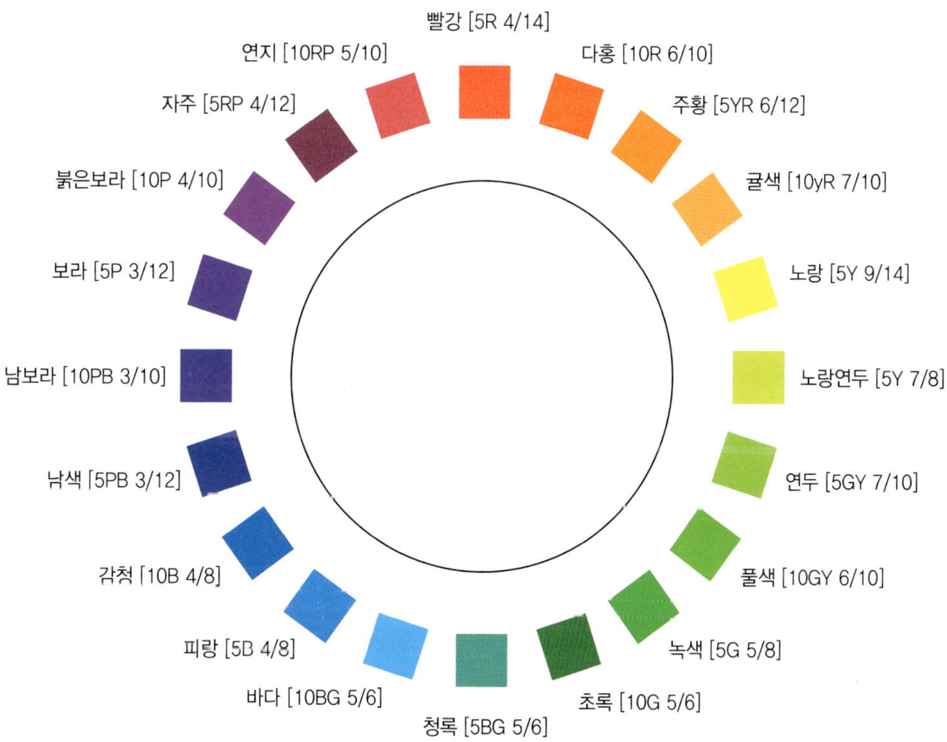

먼셀의 20색상환

2) 색의 법칙(The laws of color)

모발의 색상은 (빨간색, 노란색, 파란색)으로 구성되어 있으며, 이와 같이 3원색을 지닌 모발 내 자연 색소의 농축 정도가 클수록 모발색은 검게 보인다. 농축 정도에 따라 흑색 〉갈색 〉적색 〉금발의 모발로 나누어지며 백모인 경우 색소는 거의 없다. 색의 법칙은 다른 색을 만들기 위해서 염료와 색소가 섞이는 것을 조절한다. 이는 색의 법칙이 조화로운 색의 혼합을 구사하기 위한 방법으로서 과학에 기초하여 예술에 적용하는 것임을 보여준다.

① 원색(기본색, Primary colors)

기본색이란 기초적인 순수한 색들이다. 3가지 기본색은 빨간색(Red), 노란색(Yellow), 그리고 파란색(Blue)이다. 다른 모든 색들은 일차색의 혼합에 의해 만들어진다.

- 3원색 : 빨간색, 노란색, 파란색

1차색

Y R B

2차색

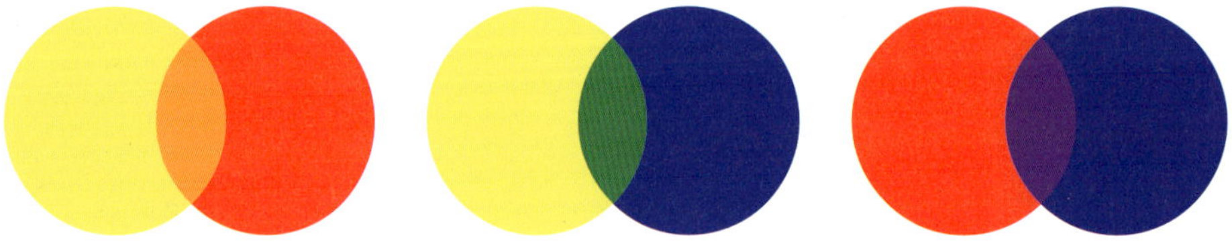

O G V

② 2차색(등화색, Secondary colors)

등화색은 원색 두 가지를 같은 양으로 혼합하여 얻어지는 색이다. 같은 양으로 혼합했을 경우, 노란색과 파란색은 초록색(Green), 파란색과 빨간색은 보라색(Violet), 그리고 빨간색과 노란색은 오렌지색(Orange)을 만들어낸다.

기본색의 혼합	이차색
빨간색 + 노란색	= 오렌지색
빨간색 + 파란색	= 보라색
노란색 + 파란색	= 초록색

③ 3차색(Tertiary colors)

3차색은 기본색 한 가지를 이에 근접한 등화색(2차색) 중 하나와 같은 양을 혼합했을 경우 얻을 수 있다.

3차색은 노란색과 초록색을 혼합했을 경우 노란빛 초록색(Yellow – Green), 파란색과 초록색은 파란빛 초록색(Blue – Green), 파란색(Blue)과 보라색은 파란빛 보라색(Blue – Violet), 빨간색과 보라색은 빨간빛 보라색(Red – Violet), 빨간색과 오렌지색은 빨간빛 오렌지색(Red – Orange), 그리고 노란색과 오렌지색은 노란빛 오렌지색(Yellow – Orange)이 만들어진다.

이와 같이 색들은 서로 혼합되어 밝기가 달라지면서 수많은 색과 색조가 만들어지며 3원색의 혼합은 검정색이다. 3차색 12가지를 다 혼합할 경우에도 검정색이 된다.

3차색

Y.O

Y.G

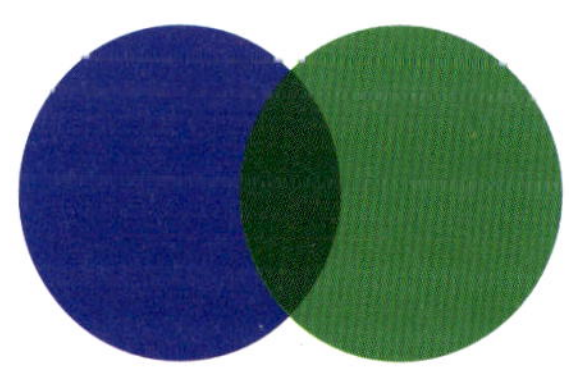

B.G

R.O

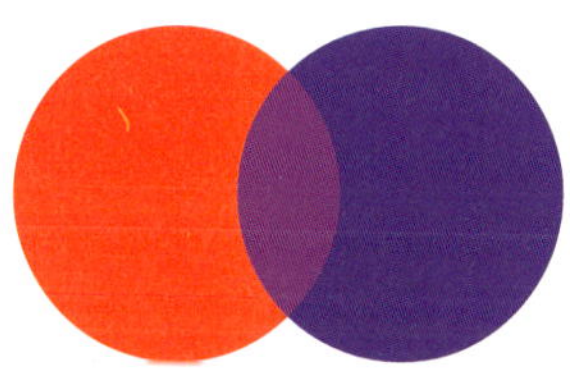

R.V

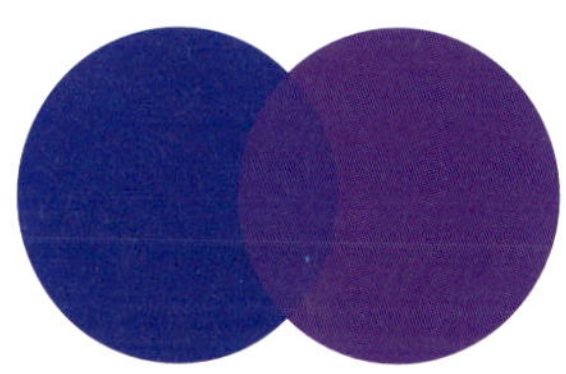

B.V

기본색 (Primary colors)	이차색 (Secondary colors)	삼차색 (Tertiary color)
노란색(Yellow)	오렌지색(Orange)	노란빛 오렌지색(Yellow - Orange)
노란색(Yellow)	초록색(Green)	노란빛 초록색(Yellow - Green)
빨간색(Red)	오렌지색(Orange)	빨간빛 오렌지색(Red - Orange)
빨간색(Red)	보라색(Violet)	빨간빛 보라색(Red - Violet)
파란색(Blue)	보라색(Violet)	파란빛 보라색(Blue - Violet)
파란색(Blue)	초록색(Green)	파란빛 초록색(Blue - Green)

④ 4차색(Quaternary colors)

이것은 앞에서 묘사되지 않았던 어떠한 색이라도 만들어 낼 수 있는 다른 모든 색의 배합을 포함한다.

⑤ 보색(Complementary colors)

보색이란 색상환(Color wheel) 안에서 서로 대척점에 위치해 있는 어느 두 가지 색을 말한다. 이들 둘을 혼합하면 서로 중화시키는 작용을 한다. 예컨대, 같은 양의 빨간색과 초록색은 서로를 중화시켜서 갈색(Brown)을 만들어 낸다. 오렌지색과 파란색도 서로를 중화시키고, 노란색과 보라색 역시 서로를 중화시킨다. 보색(Complementary colors)은 항상 기본색 하나와 등화색 하나로 이루어진다. 보색의 한 조는 항상 3가지 원색으로 이루어지게 된다. 예컨대, 색상환을 보면 빨간색(기본색=원색)의 보색은 초록색(등화색 = 2차색)이다. 초록색은 파란색과 노란색으로 이루어져 있다. 이들은 모두 원색=기본색이다. 따라서 이 보색의 한 조에는 원색이 세 가지 모두 쓰였음을 알 수 있다. 염색에 있어서 보색의 적용은 고객이 희망하는 컬러가 표출되지 않았을 시 잘못된 색상을 중화하여 보완하는 데 중요한 역할을 한다.

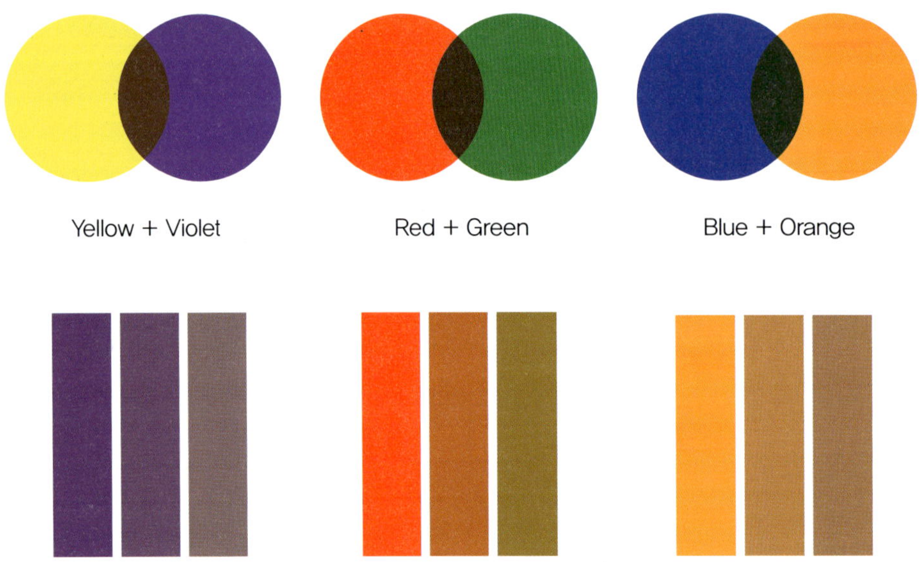

3) 색의 기본적 성질

색은 각각 고유의 성질과 특성을 가지고 있으며 물체색을 대별하면 유채색과 무채색으로 나눌 수 있다. 밝기라는 성질로 나타내면, 명도라고 하는 무채색(Achromatic color)은 색상을 띠지 않은 색(채색을 가지지 않는), 즉 빛을 분광시키지 않고 흡수 또는 반사에 의해 생기는 백색– 회색– 흑색을 말한다. 빨간색, 노란색, 초록색, 파란색, 보라와 같이 색에 특성을 부여하는 색상이라는 성질이 있다. 색의 강약을 나타내는 채도라는 성질을 가진 색의 3요소를 전부 지니고 있는 유채색(Chromatic color)은 색상을 지닌 색, 즉 조사된 광(光)을 분광하여 일부는 흡수시키고 나머지는 가시광 영역으로 반사 또는 투과하여 색채를 나타내는 것을 말한다. 색입체(Color solid)는 색상, 명도, 채도를 3축으로 형성하여 색을 공간적으로 배열한 것이다.

① 색상(Hues)

유채색은 각기 색감과 성질을 달리하고 있으며 강한 세기의 spectrum color를 말한다. 이들 색을 구분할 때는 색의 이름이 필요하다. 색명으로 구별되는 모든 색은 감각으로 느낄 수 있으며, 이를 색의 속성이라고 하거나 색상이라고 한다. 적, 황, 녹, 청, 보라와 같은 색의 계통을 나타내는 것으로 파장에 의해 결정된다. 또한 빛의 3속성의 하나로 빨간색, 파란색, 초록색 등이라는 이름으로 서로 구별되는 특성을 말한다. 이는 색조와 거의 같은 뜻으로 쓰이는데, 색상의 변화를 계통적으로 고리모양으로 배열한 것이 색상환이다. 먼셀이나 오스트발트 표색계에서는 색상별로 척도표시가 되어 있다.

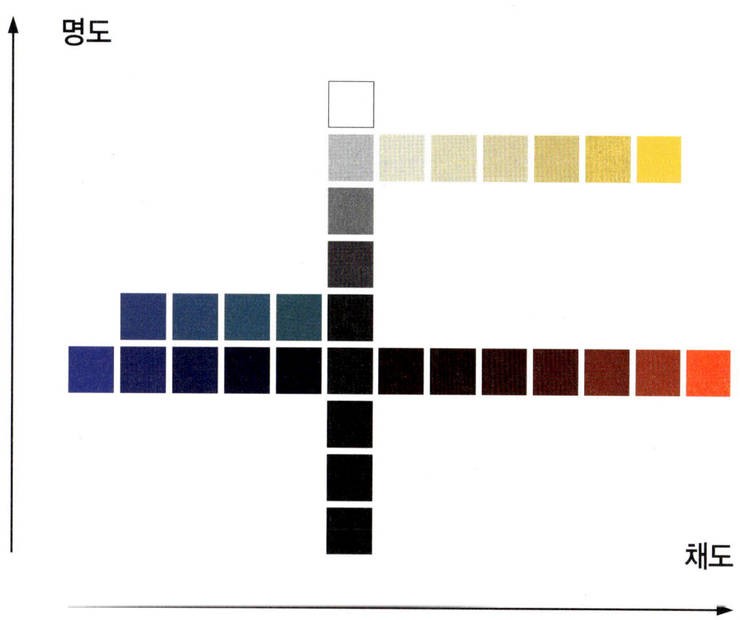

② 명도(Values, shades)

무채색과 유채색의 공통점은 밝음과 어두움을 가지고 있다는 데 있다. 밝음과 어두움을 가지고 있는 밝기의 정도로 표시하는 것이 명도이며, 검정색의 추가에 의해 어둡게 되는 색상들로서 흰색(White)과 검정(Black) 사이에 명도(Value)가 다른 회색(Grey)의 단계를 균등하게 등분하여 차례로 표현한 것이 명도의 단계이며, 그레이 스케일이라 한다. 그레이 스케일은 무채색을 모두 11단계로 구분하여 모든 빛깔의 명도 기준으로 한다.

갈색(밤색)은 파란색과 빨간색과 노란색의 혼합이며 갈색은 그 자체로는 존재하지 않는 즉, 3원색이 혼합된 결과색으로서 모든 2차색과 기본색의 혼합(보라색 + 노란색)에서 나타난다. 그러므로 갈색은 가장 진한 색일 수 있다. 검거나 갈색, 밝게는 밝은 갈색 또는 금색까지 될 수 있다.

물체 표면은 반사율이 높고 낮음을 판정하는 척도로서 밝기의 정도를 나타낸다. 명도가 높은 색은 밝으며 명도가 낮은 색은 어둡다.

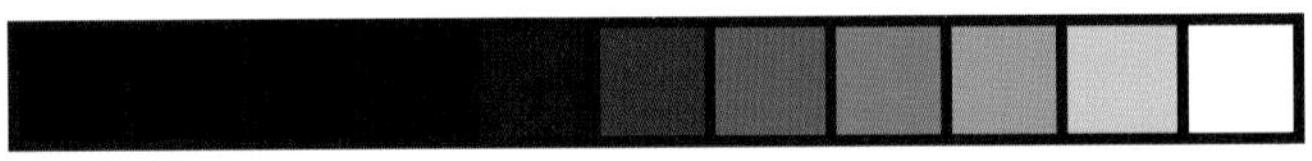

그레이스 스케일

③ 채도(Chroma, Saturation)

색의 순도, 색의 선명도, 즉 색채의 강하고 약한 정도를 말한다. 동일 색상 중에 선명한 색은 채도가 가장 높은 색으로서 순색(Pure color)이라 하고 선명하지 않은 색은 채도가 낮은 것으로서 탁색(Dull color)이라 한다. 선명도는 점차 흐려져서 무채색이 된다.

4) 색의 이미지와 배색 감정

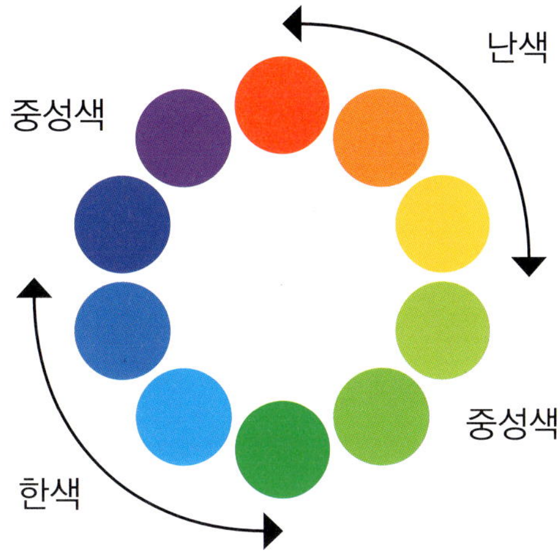

색에는 각각의 감정이 있으며 보는 사람에게 심리적인 여러 가지 느낌을 부여한다. 그 느낌은 각각의 사람에 따라서 다르다. 그러나 많은 사람들이 느끼는 색의 이미지는 공통성을 띤다.

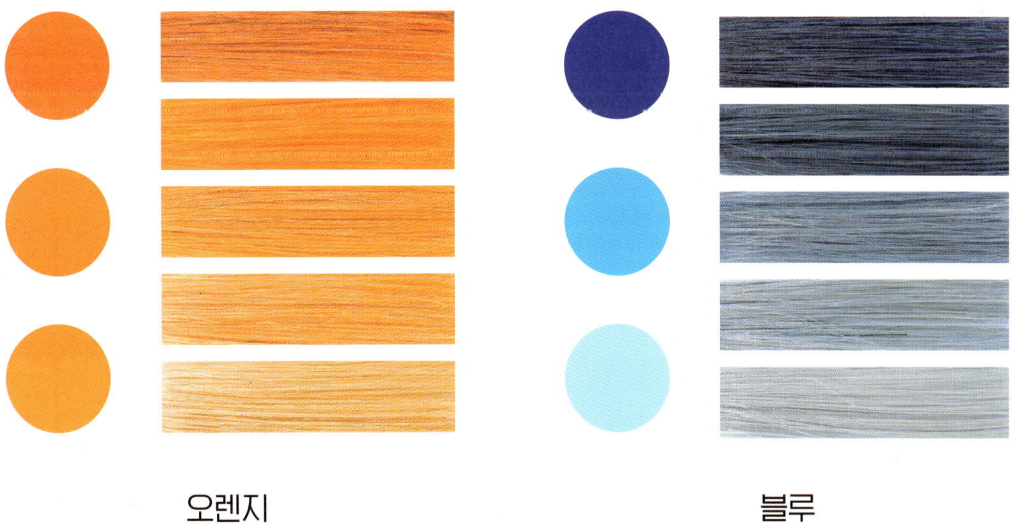

① 난색(暖色, Warm color)

난색계는 따뜻한 느낌을 주는 색으로 빨간색(Red), 구릿빛(Copper), 단풍색(Auburn), 적포도주색(Burgundy), 금색(Gold), 밤색(Chestnut), 장미(Rose), 마호가니(Mahogany) 등 색상환 중에서 적색에 가까운 색이다. 태양의 색이나 불타는 불꽃의 색을 이미지로 하여 따뜻함, 정열, 흥분 등의 느낌을 준다.

② 한색(寒色, Cool color)

한색계는 청량감을 주는 색으로 재색(Ash), 붉은 색을 띠는 재색(Mauve ash), 푸른 색을 띠는 재색(Blue ash), 은색(Silver) 등 색상환 중에서 청색에 가까운 쪽의 색을 말한다. 흐르는 물이나 맑은 호수 등의 이미지를 떠오르게 하여 시원함, 차가움, 지성 등을 느끼게 한다.

	적색, 등색	청색, 보라색
느낌	따뜻함	시원함
색상환 (반원에서 보아 직선으로 분할)	온감(溫感)	냉감(冷感)
색을 평면상으로 배열	진출(부풀어 보임)	후퇴(오그라들어 보임)
무게	가볍고	무겁게
경시감(經時感)	길게	짧게
밝기	명랑한 느낌(명도가 6.5 이상)	침울한 느낌(명도가 3.5 이하)

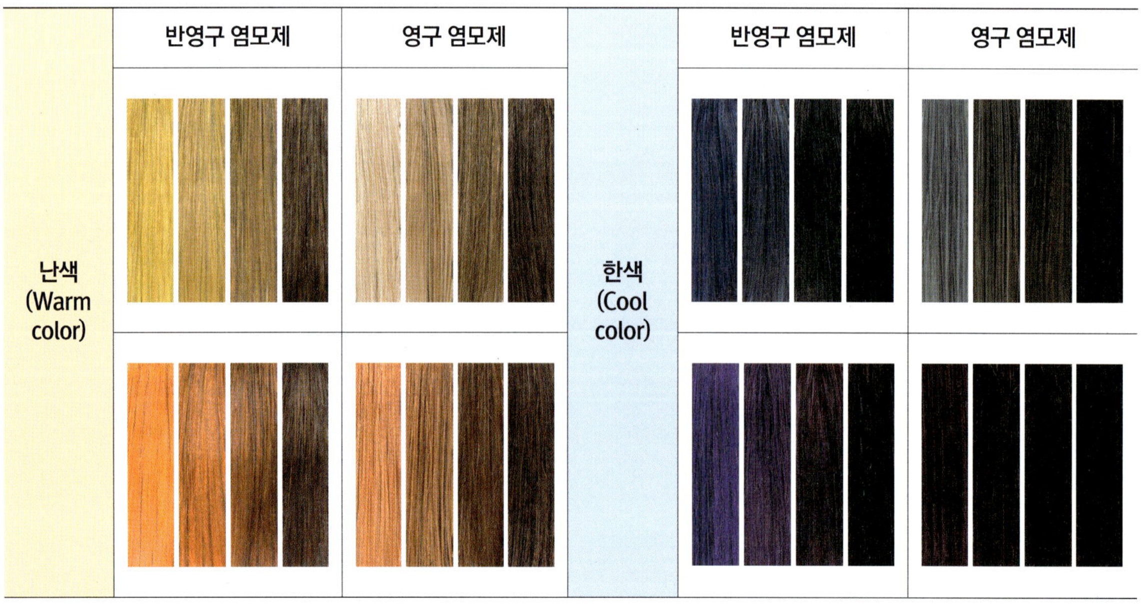

5) 색의 제조

화학자나 미용사들은 화학약품으로부터 염료를 만들고 이를 다른 화학적 성분들과 혼합하여 염모제품을 만들어낸다. 이 헤어컬러 제품들은 색의 분석을 통한 과학과 창조적인 예술적 재능의 결합으로서 모발 컬러 시술자(Colorist)에게 다양한 음영과 색조, 명암을 제공한다.

① 12가지 색

자연적인 헤어컬러를 표현하기 위해 색 제조자들은 색의 3원색(기본색)인 빨간색, 노란색, 파란색에서 기초색상을 만든다. 기초색상이 노란색과 빨간색인 헤어컬러는 자연색소의 페오 멜라닌에 의해 색을 표현할 수 있으며 기초색상이 파란색으로 구성된 헤어컬러는 차가운 느낌의 자연색소 유 멜라닌에 의해 기본색을 만든다. 이 기본 삼원색을 기초로 기본색과 기본색을 혼합하여 새로운 이차색상 3개를 만든다.

기본색의 혼합 (Primary colors combined)	이차색 (Secondary colors)
노란색(Yellow) + 빨간색(Red)	오렌지색(Orange)
빨간색(Red) + 파란색(Blue)	보라색(Violet)
파란색(Blue) + 노란색(Yellow)	초록색(Green)

이차색(오렌지색, 보라, 초록)은 염모제의 기초 색들로 사용되면서 모발 자연색소와의 혼합에 의해 일반적인 모발의 색상을 형성시키다. 이러한 이차색이 다시 기본 일차색과 만나 6개의 3차색이 만들어진다.

기본색 (Primary colors)	이차색 (Secondary colors)	삼차색 (Tertiary color)
노란색(Yellow)	오렌지색(Orange)	노란빛 오렌지색(Yellow – Orange)
노란색(Yellow)	초록색(Green)	노란빛 초록색(Yellow – Green)
빨간색(Red)	오렌지색(Orange)	빨간빛 오렌지색(Red – Orange)
빨간색(Red)	보라색(Violet)	빨간빛 보라색(Red – Violet)
파란색(Blue)	보라색(Violet)	파란빛 보라색(Blue – Violet)
파란색(Blue)	초록색(Green)	파란빛 초록색(Blue – Green)

위와 같이 색은 기본 삼원색(Three primary colors), 이차색(Secondary color), 이차색에서 삼차색(Tertiary color) 등으로의 다양한 혼합에 의해 노란색, 빨간색, 파란색, 오렌지색, 보라색, 초록색, 노란빛 오렌지색, 노란빛 초록색, 빨간빛 오렌지색, 빨간빛 보라, 파란빛 보라, 파란빛 초록색으로 구성된 12가지 색을 만든다.

② **색상환(Color wheel)**

기본색, 이차색, 삼차색을 기초로서 사용하는 염모제로 얻어질 수 있는 결과색상을 말하며 염모제의 회사들은 기초색상들을 고유표로 상품에 붙여 표시한다.

- Y 노란색 (Yellow)
- R 빨간색 (Red)
- B 파란색 (Blue)
- O 오렌지색 (Orange)
- V 보라색 (Violet)
- GN 초록색 (Green)
- G 황금색 (Gold)
- YO 노란빛 오렌지색 (Yellow – orange)
- YG 노란빛 초록색 (Yellow – green)
- RO 빨간빛 오렌지색 (Red – orange)
- RV 빨간빛 보라색 (Red – violet)
- BV 파란빛 보라색 (Blue – violet)
- BG 파란빛 초록색 (Blue – green)

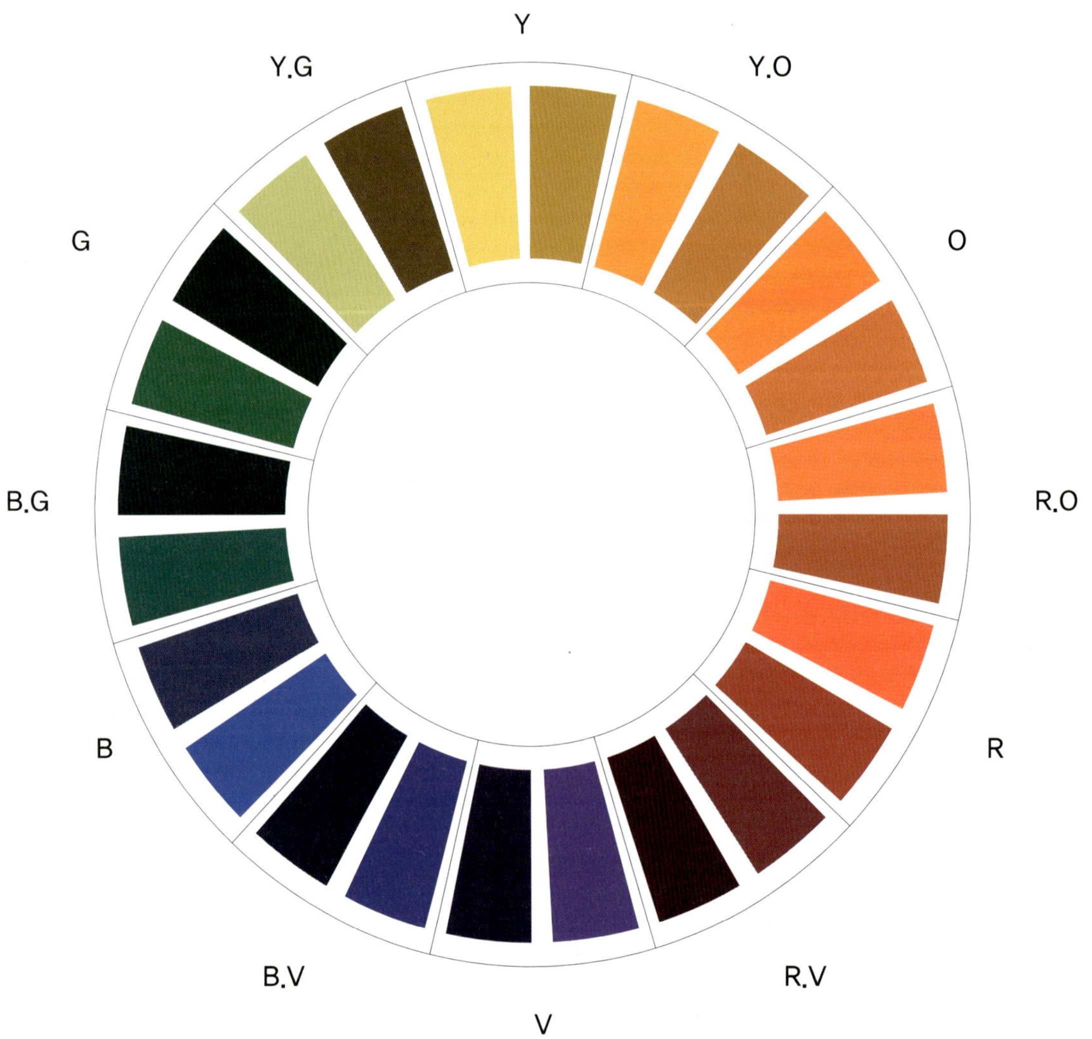

4. 염모제 주요성분

학습목표

- 알칼리제의 작용 원리를 이해할 수 있다.
- 산화염료의 작용 원리를 이해할 수 있다.
- 과산화수소의 작용 원리를 이해할 수 있다.
- 과산화수소 농도에 따른 작용을 이해할 수 있다.

(1) 알칼리제

암모니아수(NH_4OH)로서 모발의 모표피(Cuticle)을 팽윤시켜 열어주는 역할과 제2제 과산화수소(H_2O_2)와 혼합되어 탈색 및 발색의 역할을 한다.

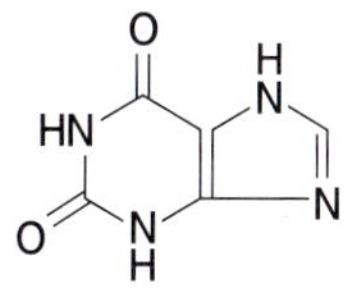

- 색소형성에 필요한 pH조절
- 모표피 팽창과 케라틴 결합(Keratin bond)을 연화
- 촉진제(Actervater) 과산화수소(H_2O_2)와 혼합되면 산소방출을 가속화 산화제의 분해를 돕는다.

(2) 산화염료

1) 유기염모제의 베이스(전조제 : 명도를 나타냄)

오르토(Nrtho, O–) 또는 파라(PARA, P–)로서 파라–페닐렌디아민(P–Phenylenediamine PPDA : 아민그룹과 NH_2), 파라–톨루엔디아민(P–Toluenediamine, 갈색)은 벤젠의 수소원자 대신에 메틸기 CH_3가 결합한 것이다.

2) 전조제 중 단속제 또는 변환제(색상을 나타냄)

혼자서는 색상을 나타낼 수 없거나 아주 미미하다. 그러므로 단속제(Molta를 많이 사용) 또는 베이스 전조제와 혼합되면서 색상은 드러난다.

멋내기 염색의 색상은 다음 두가지 상황 즉, 베이스 전조제와 단속제 전조제가 혼합되어 일어나는 현상이다. 사용되는 각각의 염색 제의 주성분은 P-phenylenediamine(검은색), P-toluenediamine(갈색), meta-dithdroxybenzene(회색), P-aminophenol(붉은색 or 갈색), meta-phenylenediamines(갈색) 등의 화학제품들의 혼합으로서 diamines, aminophenols(Amino naphtols), phenols(Haphtho) 3가지 주된 화학적 구성체인 원자의 혼합체이다. 이들은 과산화수소(H_2O_2)와 혼합하여 산화현상과 중합반응에 의해 생성된 염색 색소들이 모발의 케라틴에 결합하게 되는 것이다. 파라톨루엔디아민(Paratoluenediamine, 갈색)을 사용하거나 또는 유도체를 혼합 사용한다. 이들은 색상의 안착을 돕는 불투명한 색상을 만들며 쉽게 산화하는 성질을 가지며 2차적인 전조제와 혼합하며 매우 다양한 색상을 낸다. 이를 자연모의 색상 또는 기본색상이라 부른다.

<table>
<tr><th>베이스 전조제(명도)</th><th>단속제의 전조제(색상)</th><th>구성</th><th>유기염모제에 의한 색상</th></tr>
<tr><td rowspan="3">파라톨루엔디아민
(Paratoluenediamine)</td><td>레조시놀
(Resorcinol)</td><td rowspan="5">혼합</td><td>노란색(Yellow)</td></tr>
<tr><td>메타아미노페놀
(Metaaminophenol)</td><td>보라(Violet)</td></tr>
<tr><td>메타페닐렌디아민
(Metaphenylenediamine)</td><td>파란색(Blue)</td></tr>
<tr><td rowspan="2">파라아미노페놀
(Paraaminophenol)</td><td>메타아미노페놀
(Metaaminophenol)</td><td>베이지(Beige)</td></tr>
<tr><td>메타페닐렌디아민
(Metaphenylenediamine)</td><td>빨간색(Red)</td></tr>
</table>

(3) 과산화수소(H_2O_2)

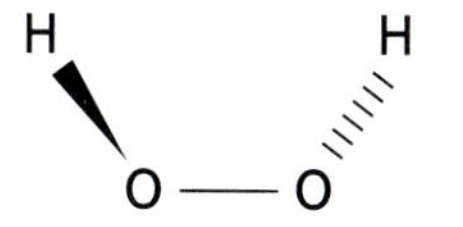

과산화수소는 과산화수소수(H_2O_2) 또는 하이드로 페록사이드(Hydrogen Peroxide)라 불리며, 산소를 필요로 하는 모든 화학과정에 사용되는 가장 일반적인 화학제품이다. 모발 염색에 가장 일반적으로 사용되는 산화제로서 멜라닌과 같은 다른 물질과 결합하여 더 강한 과산화물을 형성하며, 모발을 산화시켜 모발 색소를 밝게 해주는(산화되는) 물질이다. 산소와 멜라닌의 결합은 과산화물 용액의 작용으로 모발 안의 멜라닌이 탈색되고 분산된다. 이처럼 보다 작은 새로운 구조물과 흩어진 멜라닌의 구조로 인해 모발은 밝아지게 된다.

과산화수소는 사용되는 분야에 따라서 산화제, 발생기, 촉매제 등으로도 불리며 분말형, 크림형 그리고 액상형이 있다.

과산화수소는 모발에 작용하면 흡수성이 커지고 건조가 오래 걸려 모발을 거칠게 하며 9%(30 vol)부터는 모발 아미노산인 황을 유출시킨다. 그러므로 과산화수소(H_2O_2)의 볼륨(Volume)이 높을수록 케라틴(Keratin)을 용해시키며 모발의 인장강도는 약해진다.

유럽시장에 판매되고 있는 과산화수소(H_2O_2)는 12%(40 vol)까지 허용하나, 설명서에는 눈 접촉을 금하며, 접촉되면 즉시 물로 헹구어 내야 한다고 명시되어 있다. 또한 두피에 화상을 입힐 수 있으므로 하이라이트(Highlight) 시에만 사용해야 한다.

1) 헤어 컬러에서 과산화수소(H_2O_2)의 역할

Volume 또는 %로 표기로 표기하며 볼륨의 세기는 과산화수소에 의해 방출될 수 있는 자유 산소의 수를, %의 세기는 순수 과산화수소가 산화용액에서 얼마나 함유되었는가를 뜻한다. 헤어 컬러에서 사용되는 2제(과산화수소)는 Volume 또는 %를 병행하여 표기하고 있다.

H_2O_2의 농도에 따른 작용

volume	강 도	작 용
10 vol	3%	• 탈색 작용 안됨 • 착색 작용 • 어둡게 염색하고자 할 때 사용한다. • 이미 모발이 퇴색되어 멜라닌 색소를 제거하고 싶지 않을 때 사용한다.
20 vol	6%	• 탈색과 착색 작용 • 1~2 레벨 톤 업(tone up) • 톤 다운, 토닝, 백모 커버 시 모두 활용 가능하다.
30 vol	9%	• 착색보다 탈색 작용이 더 크다. • 2~3 레벨 톤 업(tone up) • 20 vol보다 모발 손상이 크다.
40 vol	12%	• 착색보다 탈색 작용이 더 크다. • 4 레벨 톤 업(tone up) • 30 vol보다 모발 손상이 더 크다.

(4) 기타

1) 산화방지제

모발에서 염모제를 도포할 때 시술을 위한 지연제로서 환원제인 치오글라이콜릭애씨드(Thioglycolic Acid)를 사용한다.

2) 금속이온봉쇄제(EDTA)

제조과정 중에 미량으로 유입될 수 있는 금속이온을 봉쇄시켜, 제품 안정성과 사용감을올려주는 용도로 사용된다.

3) 레조시놀(Resorcinol, 산화방지제, 변형제)

염모제의 변형을 막아주고, 디아민(Diamine NH_2)의 균일한 산화를 유도한다.

5. 모발의 염색

(1) 모발 염색(Hair coloring)의 정의

염색은 모발의 색을 변화시키는 것으로 고객의 자연 모발에 색소나 혼합색소를 도포하여 원하는 색을 시술하는 것이다. 이는 아름다움을 추구하는 인간의 욕구를 충족시키기 위한 예술적 행위라 할 수 있다.
모발의 염모제는 일시적 염모제, 반영구 염모제, 영구 염모제, 탈색제 등으로 구분하며, 모발내 인공색소와 자연색소양을 임의로 조절하여 모발색을 다양하게 변화시키는 행위를 말한다. 고객 니즈에 맞추어 알맞은 염모제의 종류를 활용할 수 있어야 한다.

모발 염색

1. 자연 모발 색을 인공색소로 착색
   - 노화된 백모를 본래 색상으로 되돌리고 싶을 때
   - 본래 모발 색보다 더 매력적인 색조나 명암으로 바꾸고자 할 때
   - 장식 효과를 내고자 할 때
2. 이미 염색된 모발을 인공색소로 착색
   - 염색 시술 후 본래의 자연 모발 색으로 되찾고자 할 때
3. 미리 탈색한 모발을 인공색소로 착색

(2) 모발 염모제의 종류

1) 일시적 염모제

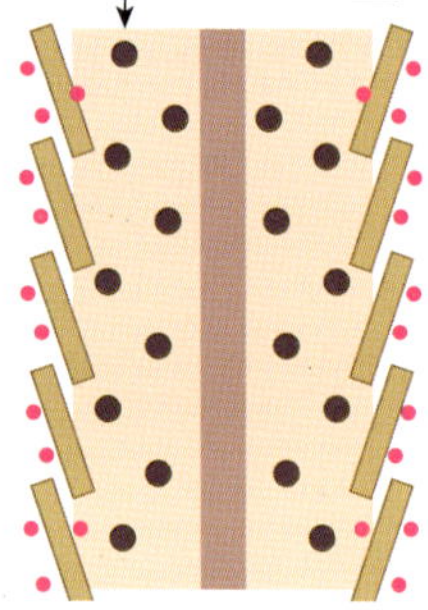

일시적(Temporary) 염모제는 모발의 모표피층을 감싸기만 하기 때문에 1~2회 샴푸에 의해 염모제가 벗겨지고 다음 샴푸 때 바로 헹구어진다. 선택하는 염모제의 종류와 색조에 따라 평이한 색부터 특이한 색까지 모발 색을 변화시킬 수 있다. 일시적 모발 염모제품은 공인된 염모제로서 안전성 검사가 끝난 염료이며 이들은 성분이 순하고 인체에 무해한 염모제이다. 암모니아(NH_4)나 과산화수소(H_2O_2)가 들어 있지 않아서 여러 번 사용해도 모발이 건조해지거나 쉽게 부스러지지 않는다.

일시적 염모제에 들어 있는 하이라이팅 샴푸(High-lighting shampoo)는 모발의 자연 색조를 돋보이게 하도록 고안된 것이다. 이들은 모발의 색을 변화시키지 않는다. 일시적 컬러 트리트먼트나 샴푸에 의해 약간의 하이라이트를 얻을 수 있다. 예컨대, 중간 갈색의 모발의 경우 금발색조 샴푸를 사용하면 약간의 금발 하이라이트를 얻을 수 있다. 갈색 샴푸는 더 진한 갈색 색조나 따뜻한 색인 붉은빛 하이라이트(Highlight)를 통해 더 풍부한 갈색의 모발을 만들 수 있다. 붉은 색 샴푸는 붉은 색 모발이나 갈색모발에 사용할 수 있으며 검정모발이나 짙은 밤색 모발에는 더 고른 짙은 색을 나타나게 할 수 있다. 그러나 금발에 검정색 샴푸를 사용하면 모발이 진흙색이나 얼룩진 갈색이 된다. 컬러 하이라이팅 샴푸로 인한 모발색 변화는 매우 낮은 tone으로 단시간 동안 유지된다.

① 일시적 염모제의 종류

큐티클 최외층(Epicuticle) 표면에 안료 또는 염료를 접착(接着) · 흡착(吸着)시켜서 염색한다. 고정 방법에 따라 종류가 다양한데, 유지인 컬러스틱(Color stick)으로 부착하거나 수용성 폴리머의 겔 형태로로 부착할 수 있다. 또한 고분자 수지 컬러 스프레이, 컬러 무스로 접착할 수 있다.

- 컬러 트리트먼트

모발에 하이라이트(Highlight) 또는 색을 착색시키기 위해 사용되는 미리 준비된 트리트먼트(Treatment)이다. 보증된 색을 함유하고 있으며 다음 샴푸 때까지만 머리에 착색되어 있다. 컬러 트리트먼트(Color treatment)는 현재 크림이나 젤(Gel), 무스(Mousse)의 형태로 이용되고 있다.

• 하이라이팅 컬러 샴푸

컬러 트리트먼트의 작용과 샴푸의 작용을 합한 것이다. 모발에 하이라이트(Highlight)를 주며 색의 농담(Color tone)을 준다.

• 아이펜슬과 마스카라

눈썹과 속눈썹에 색을 더해주기 위해 사용되는 제품처럼 마른 모발에 어느 일정한 부분 또는 전체를 붓을 사용하여 색을 덧칠한다.

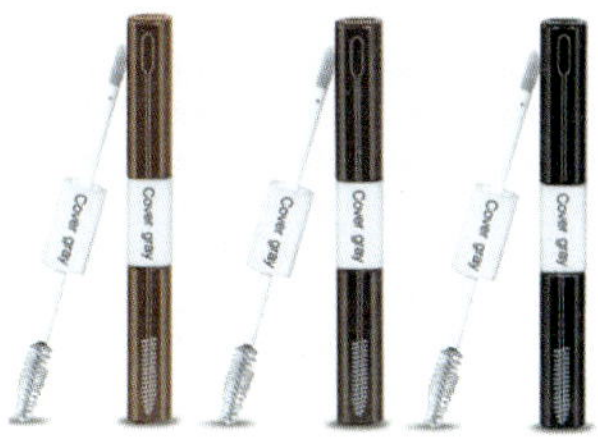

• 헤어 컬러 스프레이

건조한 모발에 도포한다. 여러 번 분무할수록 색상이 선명해진다. 특별한 효과를 내거나 파티 효과를 낼 때 쓰인다. 모발 전체에 골고루 분무하며, 건조 후 빗질하지 않아야 한다.

• 컬러 파우더

접착제용 스프레이를 모발에 분사하고 나서 가루를 뿌려 흡작시키는 세품이다. 흔히 백모를 감추기 위한 흑채를 예로 들 수 있다. 최근에는 팩트 형태로 된 파우더 제품도 출시되고 있다.

• 컬러 무스

용기를 흔들어 사용한다. 전체적으로 자연스러운 명암을 줄 때 골고루 도포 후 완전히 건조되기 전 곱게 분사한다. 부분적으로 사용 시 컬러무스를 손가락 끝으로 발라 모발 가닥에 문지르듯이 비비면서 훑어 내린다.

• 크레용

간편하게 컬러 체인지를 원하는 부분만 색을 변화하고 싶을 때 사용하는 제품이다. 디자인 컬러 사전 시뮬레이션 작업이 용이하다.

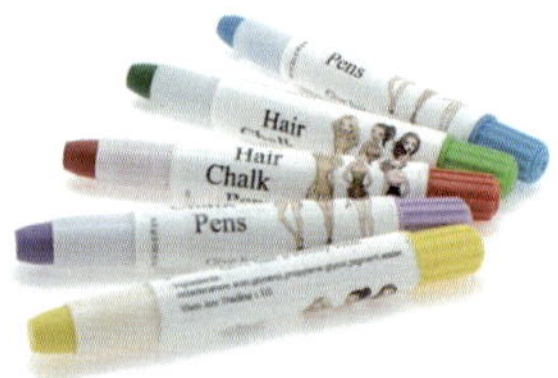

② 일시적 염모제의 장점

염료가 모표피에 흡착되어 색소를 씌우기 때문에 모발 상태의 변화 없이 일시적으로 모발을 착색시켜 여러 가지 컬러로 변화를 줄 수 있다.

- 퇴색되었던 모발을 일시적으로 본래의 색으로 돌릴 수 있다.
- 백모나 회색모발의 누르스름한 빛을 자연스러운 색상으로 보이게 할 수 있다.
- 반영구적 또는 영구적 염모제 사이에 색을 침투시킬 때 사전 색소 침착에 이용한다.
- 암모니아와 산화제가 들어 있지 않으므로 알레르기 반응검사(patch-test)는 하지 않는다.

③ 일시적 염모제의 단점

- 염색의 수명이 짧아서 매번 샴푸 후에 다시 염색해야 한다.
- 염모제의 막이 얇기 때문에 염색이 고르지 않을 수 있다.
- 베개나 옷 등에 염색이 묻어나고, 땀이나 물기에 의해 흘러내릴 수 있다.
- 모발에 다공이 많을 경우 착색될 수 있으며, 밝은 모발에 어두운 색을 사용할 경우 착색될 수 있다.

2) 반영구 염모제

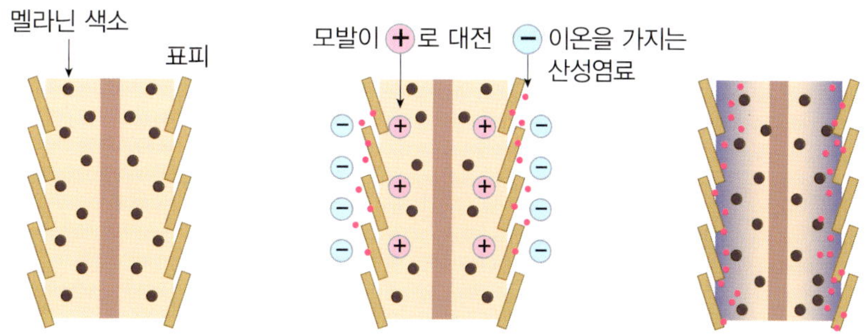

반영구 염모제의 원리

산성염료를 모표피 내와 모피질 내의 일부까지 침투시켜, 이온결합에 의해 모피질에 색이 흡착될 뿐만 아니라 모표피에 침투, 흡착되어 막을 씌운다. 코팅 컬러 또는 산성 컬러라 하며 제1제(화장품)만으로 구성되어 있다. 헤어 매니큐어, 직접 염색, 다이렉트 컬러, 약산성 컬러 로도 불린다.

샴푸 시 모발이 약간 팽윤하기 때문에 염모제 분자들이 매번 씻겨 나간다. 4~8회의 샴푸까지 지속되고 지속력은 모발의 다공성, 모발 속에 갇혀 있는 염모제의 분자 크기 및 사용하는 샴푸 등의 다양한 요인으로 인해 달라지며 색을 영구적으로 변화시키지는 못한다.

반영구 염색은 같은 색상을 더욱 어둡게 하거나 하이라이트로 포인트 컬러(탈색시킨 기여색소 위에)를 줄 수 있다. 산화제나 암모니아가 들어 있지 않아서 모발의 자연 색을 탈색시키지는 않지만 자연모의 탈색된 모발 또는 이미 영구 염모제로 염색된 모발에 컬러 표현이 가능하다.

① 반영구 염모제의 장점

- 염모제가 자체적으로 침투한다.
- 염모제를 매번 같은 방법으로 사용한다.
- 베개나 옷에 묻어나지 않는다.
- 두피 가려움증이나 알레르기를 일으키지 않는다.

② 반영구 염모제의 단점

- 시술 후 4~6주가 지나면 모발이 본래의 자연색을 찾게 된다(샴푸의 횟수에 따라 차이가 있다).
- 모발의 색을 어둡게는 할 수 있어도 밝게는 하지 못한다.

③ 반영구 염모제 성분구성

- 용매 : 염모제의 용해를 위해 첨가
- 양이온성 계면활성제 : 모발의 섬유질에 염모제의 침투를 가능하게 한다.
- 염료 : 반사빛을 동반
- 거품제 : 샴푸처럼 편하게 사용하기 위해 첨가
- 연마제 : 빗질과 모발을 매끄럽게 한다.
- 유화제 : 트리트먼트의 성분을 첨가하여 모발을 부드럽게 한다.

▶ 참조

제조회사에 따라 아날린 유도체를 함유한 반영구 염모제는 알레르기 반응검사를 필요로 한다.
제조업체의 지시를 따르도록 한다.

3) 영구 염모제(산화 염모제)

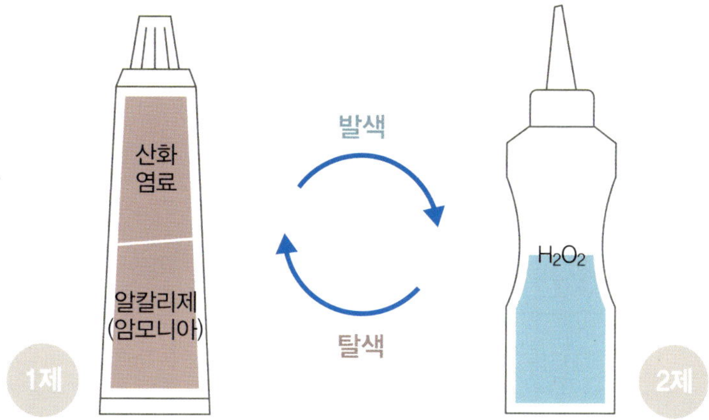

염색의 원리

산화염모제와 산화제의 혼합 시술로 이루어지는 영구염색의 제1제 산화염모제는 암모니아와 산화염료로 구성되어 있다.

암모니아는 모발을 팽윤시켜 모표피를 열어 산화염료의 모피질층 침투를 도와주고 제2제인 산화제(과산화수소)는 색상을 피질층에 가두는 역할을 한다. 결과적으로 멜라닌 색소를 산화시켜 모발의 자연색상을 밝게 헤 주는 동시에 화학적인 산하염류가 자연모 색상에 동화, 침착된다. 이때 남아 있는 자연모의 색상과 화학적인 염료가 만나 모발의 최종색상인 결과색이 만들어진다.

영구 염모제는 모표피에 침투하여 색소 분자를 침전시키도록 만들어졌다. 친투와 산화제의 추가 작용으로 인해 탈색도 시키고 착색도 시킨다. 영구 염모제는 샴푸하지 않은 모발에 도포한다.

피부 보호용 크림(barrier cream)은 헤어 라인이나 귀 주변에 바른다. 이는 머리카락을 코팅하여 염색이 안쪽으로 침투해 들어가는 것을 막는다.

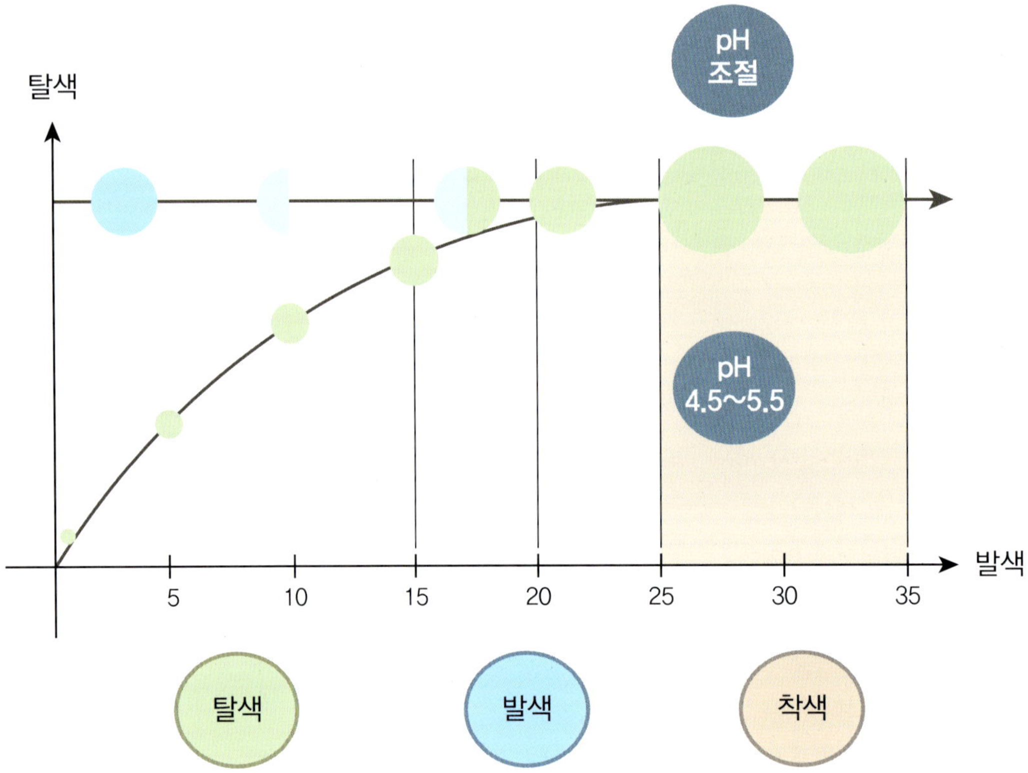

염모제의 작용

6. 모발의 탈색

학습목표

- 탈색 작용의 원리에 대해 설명할 수 있다.
- 탈색제의 성분에 대해 설명할 수 있다.
- 탈색제의 종류에 따른 특징에 대해 설명할 수 있다.

탈색이란 모발로부터 자연모의 색소를 제거하는 것을 말한다.

탈색은 모발의 색상을 밝게 하는 산화과정으로서 모발의 본래 색상을 좀 더 밝게 하거나 모발 염색하기 전 모발 내의 기여색소 제거를 목적으로 한다.

모발 탈색제는 알칼리제(암모니아수)를 주성분으로 한 제1제와 산화제(과산화수소)를 주성분으로 한 제 2제를 혼합하여 사용한다.

제1제는 파란 색상의 분말인 과산염으로, 알칼리제를 사용하는 것은 과산화수소 등 산화제의 분해와 알칼리성 용액의 활성화에 의해 산소를 방출시켜 모발을 팽윤 · 연화시켜 주기 때문이다.

가장 안정적인 탈색을 하기 위해서는 6% 산화제를 사용하여 모발 명도 2레벨 이상을 탈색시키지 않도록 해야 하며, 명도를 3레벨 이상 탈색시키고자 할 때는 9% 산화제를 사용하되 특별한 처방이 따른다.

(1) 탈색제의 작용(Action of lighteners)

탈색의 결과는 모피질 내의 멜라닌(Melanin)이라는 모발의 자연색소에 의해 결정된다.

일반적으로 탈색제는 제1제인 탈색제와 제2제인 과산화수소(H_2O_2)는 현재 탈색제로서 사용되고 있는 산화제이며 농도 3%(10 vol), 6%(20 vol), 9%(30 vol) 등이 주로 사용된다.

제1제 탈색제와 제2제 과산화수소는 사용목적에 따라 1 : 1~6의 비율로 혼합하여 사용한다.

6%(20vol) 탈색제는 모발에 도포 후 처음 5~7분간 강한 탈색 작용을 가지며 원하는 밝기(기여색상)에 따라서 방치시간을 조절하게 된다. 하지만 도포 후 40분 이상이 지났을 경우에도 더 밝은 명도를 원한다면 도포한 탈색제를 닦아내고 새로운 탈색제를 도포해야 한다.
모발내에서의 색 제거는 멜라닌 색소가 제거되는 과정이라 볼 수 있는데 모발의 멜라닌 색소는 유멜라닌과 페오멜라닌으로 나뉜다. 유멜라닌은 탈색에 저항적이므로 페오멜라닌보다 더 많은 시간이 소요된다.
모발의 탈색은 자연 모발색의 기본 레벨을 바탕으로 탈색 시간이 지남에 따라 드러나는 기본 색상이라 할 수 있다. 이때 모발 내에서의 겉으로 표현되지 않는 기여색소가 잔류하게 된다. 기여 색소는 붉은색의 반사빛에서 점차로 오렌지색 반사빛으로 바뀌고, 그 후 노란색 반사빛을 마지막으로 밝은 노란색 반사빛이 되어 그 반사빛은 정지된다. 기여색소는 모발의 염색과 반사빛에 영향을 준다.

1) 탈색제의 사용 목적

탈색제는 다음 두 가지의 목적으로 사용된다.

- 염색 색상의 시술에 있어 현재 모발색 보다 밝은 모발색을 원할 때
- 재염색 과정에서 모발의 기여색소 제거를 위해

탈색제는 고객이 지닌 자연 모발색에서 밝은색을 원할 때나 색상의 체인지를 위해 기여색소를 제거하고자 사용된다. 또한, 모발의 특정 부분에 특별한 색조를 얻거나, 이미 염색을 시술한 모발에 색을 빼기를 원할 때, 염색을 시술했으나 원하는 결과색조가 아닐 때, 염색이나 탈색에서 얼룩이 생겼을 때에도 사용된다.
탈색은 시술하기 전에 원하는 명도가 무엇인지 현재 모발 상태를 이해하는 것이 중요하다. 단지 자연모가 아니라도 탈색 레벨 정도가 얼마인지, 오랫동안 어느 정도의 제품을 사용해 왔는지, 모발의 손상도가 어떠한지 등 모든 조건들을 고려해야 한다.

2) 탈색제의 성분 구성

제1제 화합물은 알칼리제를 사용한다. 이는 강력한 탈색제로서 촉진제인 과황산 암모늄 또는 과황산 염류를 첨가하거나 피로아황산소다를 넣어 산화 · 환원의 반응열을 이용하는 타입이 있다.
제2제 화합물에는 과산화수소를 사용한다. 과황산염도 가끔 촉진제로서 첨가되고 pH는 9~11이다. 안정화제(EDTA)도 가끔 과산화물의 분해속도를 낮추는 데 사용된다.

① **제1제**

- 폴리옥시에틸렌 노닐페닐에테르
- 폴리옥시에틸렌 디스테아린산염
- 팔미트산
- 암모니아수
- 킬레이트제
- 정제수

② **제2제**

- 폴리옥시에틸렌(4) 노닐페닐에테르
- 폴리옥시에틸렌(9) 디스테아린산염
- 세틸 알코올
- H_2O_2(과산화수소)
- 안정화제
- 정제수

(2) 탈색제의 종류(Types of lighteners)

탈색제는 액체, 크림, 분말, 유상액(Emulsion), 오일(Oil) 등의 형태가 있다.

1) 액체 탈색제(Liquid lighteners)

암모니아와 과산화수소의 혼합에 의해 제조된다. 이것은 모발전체를 탈색하도록 제조되었으며 모발 도포 시 두피에 타고 흘러내리므로 주의해야 한다.

2) 크림 탈색제(Cream lighteners)

사용이 쉬우며 흐르거나 떨어지지 않는다. 밀도가 높기 때문에 탈색 작용 중 쉽게 조절이 쉬우며 컨디셔닝 제도 포함하여 모발과 두피에 자극이 적다. 액상이나 크림 탈색제는 일반적으로 촉진제와 함께 사용된다. 크림타입은 흐르거나 떨어지지 않고 덧바를 수 있는 장점이 있다.

3) 분말 탈색제(Powder lighteners)

가장 대중적인 형태로 4~6단계 정도의 밝기까지 밝게 할 수 있는 빠른 탈색제라고도 하며, 강한 작용과 빠른 속도를 위해 촉진제 산화제가 포함되어 있다. 보다 빠르게 건조되며 흘러내리지 않으나 빠른 건조를 보강하기 위해 오일 탈색제와 섞어 사용하기도 한다. 특히 분말형의 탈색제는 두피 가까이에 사용할 경우 두피를 손상시킨다. 분말형은 저항모, 자연모, 건강모에 사용되며 도포 시 두피로부터 1~1.5cm 정도 떨어져 사용한다.

4) 오일 탈색제(Oil lighteners)

기름기를 보유한 성분으로 산하제와 혼합하면 겔 타입의 형태가 되며 모발 도포 시 용이하다. 활성제로서 과황산칼륨과 황산암모늄을 첨가하는데, 이는 충분한 추가 산소의 분리를 위한 것이다. 두피 건조를 방지하기 위해 컨디서너를 첨가히여 건조한 모발에 도포한다.

(3) 탈색 시 주의사항

- 탈색 전 두피를 보호하기 위해 샴푸 하지 않는다.
- 신생모 탈색 시에는 기염모 부위를 0.5cm 이상 재도포하지 않도록 한다.
- 두피의 온도에 영향을 받아 얼룩이 질 수 있으므로 모근 쪽부터 1~1.5cm 띄운 후 탈색제를 도포한다.
- 모발 케라틴의 손상과 두피 자극에 영향을 가져다줄 수 있으므로 탈색제의 비율을 과도하게 늘리지 않아야 한다.
- 시술 24~48시간 전에 알레르기 반응 검사(Patch-test)를 한다.
- 고객의 옷을 보호하기 위하여 가운 및 수건 착용을 철저히 한다.
- 두피에 손상이나 염증이 있는 경우 탈색제 사용을 금한다.
- 모발에 도포 시 불필요한 핸들링 및 브러싱을 하지 않도록 한다.
- 시술자는 보호 장갑을 반드시 착용한다.
- 탈색 전 모발가닥 검사(Strand test)를 실시한다.
- 탈색제는 혼합하여 즉시 사용하며 남은 탈색제를 재사용하지 않는다.
- 탈색 시 얼룩이 지는 것을 방지하기 위해 균일한 양으로 신속히 도포한다.
- 온수로 부드럽게 샴푸하여 마무리 한다.
- 사용한 모든 도구와 기기들을 청결하게 정리하여 보관한다.
- 고객기록 카드에 빠짐없이 기록하여 남긴다.

(4) 탈색제 응용 테크닉

모발로부터 너무 어두운 인공색소를 밝게 하거나 전의 반사빛을 제거하기 위해 사용한다. 색을 벗겨내는 제품들은 대부분 모발 시스틴을 감소시키거나 모발을 밝게하는 작용을 한다.

컬러 제거제의 가장 약한 혼합물은 색의 축적 또는 일시적 또는 반영구 염모제로부터 착색의 약한 형태를 제거할 때 이용된다. 이런 경우의 제품은 3%(10vol) 또는 물과 같은 낮은 세기의 산화제와 혼합된다.

1) 샴푸 블리치(Shampoo bleach)

탈색제 + 6%(20vol) + 샴푸 + 온수
1 : 1 : 1 : 1

클렌징(Cleancing)이라고도 하며 기염모에서 반사빛만 제거하고자 할 때 사용하는 방법이다.

샴푸제의 작용은 알칼리 성분으로서 모표피를 팽윤시키며 계면활성제의 기포작용에 의해 약액 도포에 따른 얼룩을 방지하는 작용을 한다.

시술 방법으로는 탈색제 + 6%(20vol) + 샴푸 + 온수를 1 : 1 : 1 : 1의 비율로 혼합하여 건조된 모발 위에 뭉치지 않게 도포하여 핸들링한다.

5~20분 가량 반사빛이 제거될 때까지 원하는 정도의 탈색이 될 때까지 시간을 조절하면서 핸들링 한 후 샴푸한다.

2) 컨디셔너 블리치(Conditioner bleach)

탈색제 + 6 %(20vol) + 샴푸 + 클리닉제
1 : 1 : 1 : 1

탈색제의 성분에는 트리트먼트 성분이 들어 있지 않아 모발의 손상도가 크다. 이를 방지하기 위해 샴푸 블리치 시, 물 대신 액상타입 클리닉 제품(PPT)을 혼합하여 모발에 골고루 도포하고 5~20분 가량 원하는 정도의 탈색이 될 때까지 시간을 조절하면서 핸들링 한 후 샴푸한다.

3) 프리 블리치(Pre bleach)

탈색제 + 6%(20vol)
1 : 4~6

샴푸 블리치 후 잔여색소를 제거하거나 1~2레벨의 명도조절이 필요한 경우 두 번째 단계에서 사용하는 기법으로 '애벌 탈색'이라고도 한다.

탈색제와 산화제의 비율을 1 : 4~6으로 모발에 적용하여 원하는 명도가 나올때 까지 5~30분까지 방치 후 샴푸한다.

4) 기본 블리치(Bleach)

탈색제 + 산화제
1 : 1 ~ 3

컬러 체인지 시 사용할 수 있는 클렌징 기법 중 가장 강한 파워의 블리치 기법으로 명도 2레벨 이상 상승시킬 때 사용하는 방법이다. 기본 블리치는 딥클렌징(Deep Cleansing)이라고도 한다.

탈색제와 산화제의 비율을 1 : 1~3으로 적용하여 모발에 도포 후 20~30분 정도 명도 조절이 될 때 까지 방치 후 샴푸한다.

이때, 산화제는 3%(10vol), 6%(20vol), 9%(30vol) 모두 사용 가능하며 산화력이 높은 산화제일수록 모발 손상이나 얼룩이 발생할 수 있으므로 수시로 체크하며 시술해야 한다.

7. 모발의 색상

학습목표

- 자연모의 기여색소에 대해 이해할 수 있다.
- 자연모 레벨에 따라 실제 나타내는 색상을 설명할 수 있다.

(1) 멜라닌 종류에 의한 모발의 색상과 명도

모발 색상은 개개인의 유전적인 요인과 환경 및 인종에 따라 다르다. 아시아, 에스키모, 미국의 인디언들의 모발은 대부분 유멜라닌을 가져 어두운 계열의 블랙이나 브라운 컬러의 모발을 지닌 반면 백인들의 모발은 대부분 페오멜라닌을 가져 밝은 계열의 붉거나 노란 빛 컬러의 모발을 가진다.

멜라닌의 종류

① 유멜라닌

입자형. 큰 입자로 구성되어 있다. 빨강+노랑+파랑이 섞인 블랙과 브라운 색상의 모발을 나타낸다. 유멜라닌의 양에 의해 모발의 어두운 명도가 결정 된다. 유멜라닌은 탈색제나 염모제 도포 시 입자가 커서 멜라닌 색소가 쉽게 분해되어 탈락이 용이하다.

② 페오멜라닌

분자형. 작은 분자로 구성되어 있다. 옐로우와 레드 색상의 모발을 나타낸다. 페오멜라닌의 양에 의해 모발의 밝은 명도와 언더 코트의 색상이 결정된다. 페오멜라닌은 탈색제나 염모제 도포 시 입자가 작아서 멜라닌 색소가 분해되기 어려워 작업 후에도 모발에 잔류하기 쉽다.

자연모의 색상들은 동일하게 보일 수 있지만 모발의 멜라노사이트에 의해 생성되는 멜라닌(Melanin)의 색소분포는 사람이 가진 특성이나 인종 등에 따라 달라질 수밖에 없다. 사람에 따라 같은 종류의 염모제를 같은 방법의 염색방법을 통해 동일하게 작업하더라도 멜라닌의 양과 비율에 따라 결과가 달라진다.

▶ 부록1. 모발 속의 멜라닌 색소량 분석하기

교재 뒤편의 부록을 활용하여 모발 속의 멜라닌 색소 양을 분석해 보자

(2) 자연모 레벨(모발의 밝기 등급)

화학적인 시술을 하지않은 자연모인 경우 유전적인 요인과 환경 및 인종에 따라 모발의 밝기는 달라진다. 자연모 레벨이란 이러한 자연모를 모발의 명도(밝고 어두운 정도)에 따라 10개의 레벨이나 15개, 20개의 레벨로 나눈 것을 말한다. 10레벨 스케일은 서양인 기준으로 많이 사용하게 되며 전 세계적으로 통용되는 레벨 스케일이다. 15레벨 스케일과 20레벨 스케일은 자연모가 어두운 명도에 집중되어 있는 동양인들을 위해 세부적으로 명도를 나눈 것으로 아시아에서 주로 통용되는 레벨 스케일이다.

자연모 레벨은 숫자가 낮을수록 어두우며 숫자가 높을수록 밝은 명도를 가지게 된다.

〈10 레벨 스케일〉			〈15 레벨 스케일〉			〈20 레벨 스케일〉		
명도 레벨	레벨 읽는 방법	색상	명도 레벨	레벨 읽는 방법	색상	명도 레벨	레벨 읽는 방법	색상
						20	베리 페일 옐로우	
10	금색		-		-	19		
			-		-	18	페일 옐로우	
9	아주 밝은 황갈색		-		-	17		
			-		-	16	옐로우	
8	밝은 황갈색		15	옐로우		15		
			14	오렌지 옐로우		14	오렌지 옐로우	
7	황갈색		13			13		
			12	오렌지		12	오렌지	
6	어두운 황갈색		11			11		
			10	레디쉬 오렌지		10	레디쉬 오렌지	
5	밝은 갈색		9			9		
			8	레디쉬 브라운		8	레디쉬 브라운	
4	갈색		7			7		
			6	브라운		6	브라운	
3	어두운 갈색		5			5		
			4	블랙		4	블랙	
2	아주 어두운 갈색		3			3		
			2			2		
1	흑색		1			1		

(3) 블리치 레벨(언더코트)

블리치 레벨이란 자연모의 탈색(블리치) 과정을 통한 모발 안에 들어있는 색상을 말한다. 블리치 레벨은 언더코트, 언더톤, 베이스코트, 기여색소 라고도 불린다.

모발의 밝기 등급이 달라지면 모발 안의 주 색조를 이루는 언더코트 역시 달라지게 된다.

특히 탈색(블리치) 과정에서는 이 블리치 레벨을 반드시 고려해야만 하는데, 노출되는 언더코트와 보색관계에 있는 색조의 염모제를 활용하여 중화시킴으로써 비로소 원하는 색을 얻을 수 있다.

〈자연모 레벨〉	〈블리치 레벨(언더코트)〉	〈언더코트를 억제시키는 (중화)색〉
10 / 금색	10 / 아주 밝은 노란색	10 / 아주 엷은 보라색
9 / 아주 밝은 황갈색	9 / 밝은 노란색	9 / 엷은 보라색
8 / 밝은 황갈색	8 / 노란색	8 / 보라색
7 / 황갈색	7 / 노란 오렌지색	7 / 보라 파란색
6 / 어두운 황갈색	6 / 오렌지색	6 / 파란색
5 / 밝은 갈색	5 / 붉은 오렌지색	5 / 초록 파란색
4 / 갈색	4 / 빨간색	4 / 초록색
3 / 어두운 갈색	3 / 어두운 빨간색	3 / 초록색
2 / 아주 어두운 갈색	2 / 아주 어두운 빨간색	2 / 진한 초록색
1 / 흑색	1 / 아주 아주 어두운 빨간색	1/ 아주 진한 초록색

잠깐! 같은 용어?

① 자연모의 탈색(블리치) 과정을 통해 모발 속에 들어있는 색상을 자연모 레벨에 따라 나눈 것

블리치 레벨 = 언더코트 레벨 = 베이스코트 레벨 = 기여색소 레벨 = 언더 톤 레벨

② 자연모의 탈색(블리치) 과정을 통해 모발 속에 들어있는 색상

언더코트 = 베이스코트 = 기여색소 = 언더 톤

8. 영구 염모제의 색 조제

학습목표

- 영구 염모제의 색명 및 넘버링을 설명할 수 있다.
- 영구 염모제의 넘버링의 명도와 반사빛을 읽을 수 있다.

(1) 영구 염모제의 색명 및 숫자 넘버링

예) L사의 경우	예) W사의 경우
명도 반사빛	명도 반사빛
8.34	8/45
주 반사빛 보조 반사빛	주 반사빛 보조 반사빛

영구 염모제의 명도와 반사빛(색상)은 숫자를 활용하여 표기하게 된다. 명도와 반사빛을 구분지어 표기하는 기호는 /(다시) 또는 .(점)을 사용한다. 기호 앞의 숫자는 염모제 색의 명도(밝고 어두움)를 말하며 기호 뒤의 숫자는 염모제 색의 반사 빛(색상)을 말한다.

1) 명도 숫자 표기법

영구 염모제 명도 표기는 대부분 자연모 레벨 스케일의 넘버링을 따른다. 대표적으로 한국에서 L사는 10레벨 스케일을 사용하며 W사는 15레벨 스케일, M사는 20레벨 스케일을 사용한다.

대부분 동양인의 자연모 헤어컬러는 10레벨 스케일 기준으로 중간색 범주인 갈색(4레벨)에 포함된다. 이는 검정과 빨간색, 노란색의 색소가 함께 작용하여 변형된 갈색이나 적갈색 색상을 만들기 때문이다.

고객에게 특정 명도 레벨의 염모제를 사용할 때 같은 조건, 같은 색상으로도 고객의 모발은 개인에 따라 다른 반응, 다른 결과를 나타나게 된다.

① L사의 명도 숫자 표기법

L사 영구 염모제 명도 표기법 〈10 레벨 스케일〉		
명도 레벨	레벨 읽는 방법	색상
10	금색	
9	아주 밝은 황갈색	
8	밝은 황갈색	
7	황갈색	
6	어두운 황갈색	
5	밝은 갈색	
4	갈색	
3	어두운 갈색	
2	아주 어두운 갈색	
1	흑색	

예) L사의 경우

명도 반사빛
↑ ↑
8.34
↓ ↓
주 반사빛 보조 반사빛

L사의 영구 염모제 명도 표기는 대부분 자연모 10 레벨 스케일의 넘버링을 따른다. 명도와 반사빛의 구분은 .(점) 기호로 표기한다. .(점)기호 앞의 숫자가 명도를 뜻한다.

잠깐!

〈 L사 제품 중 자연모 레벨의 명도 표기를 따르지 않는 제품 〉

① 11, 12, 13 명도 제품

염모제로 올릴 수 있는 레벨의 한계를 넘은 특정 리프트 계열 염모제 제품은 자연모 레벨의 명도 표기를 사용하지 않는다. 또한 넘버링을 읽을 경우 11~13 명도는 아주 밝은 갈색이라 읽는다.

ex) 11.07 → 자연스럽고 매트한 아주 밝은 갈색

② 명도에 B나 N 같은 영어가 명도 앞에 붙는 제품

명도 앞에 B나 N 같은 영어가 붙는 제품은 특정 브라운 계열의 염모제 제품으로 명도의 넘버링과 관계 없이 브라운이라 읽는다.

ex) B4.0 → 쿨 브라운, N7.07 → 올리브 브라운

② W사의 명도 숫자 표기법

W사 영구 염모제 명도 표기법 〈15 레벨 스케일〉		
명도 레벨	레벨 읽는 방법	색상
–		–
–		–
–		–
–		–
15	옐로우	
14	오렌지 옐로우	
13		
12	오렌지	
11		
10	레디쉬 오렌지	
9		
8	레디쉬 브라운	
7		
6	브라운	
5		
4	블랙	
3		
2		
1		

예) W사의 경우

명도 반사빛
↑ ↑
8/37
↓ ↓
주 반사빛 보조 반사빛

한국의 W사 영구 염모제 명도 표기는 대부분 자연모 15 레벨 스케일의 넘버링을 따른다. 명도와 반사빛의 구분은 /(다시) 기호로 표기한다. /(다시) 기호 앞의 숫자가 명도를 뜻한다.

③ L사와 W사의 명도 숫자 표기 비교

[영구 염모제 명도 숫자 표기법]

<table>
<tr><th colspan="3">〈10 레벨 스케일〉</th><th colspan="3">〈15 레벨 스케일〉</th></tr>
<tr><th>명도 레벨</th><th>레벨 읽는 방법</th><th>색상</th><th>명도 레벨</th><th>레벨 읽는 방법</th><th>색상</th></tr>
<tr><td rowspan="2">10</td><td rowspan="2">금색</td><td rowspan="2"></td><td>–</td><td></td><td>–</td></tr>
<tr><td>–</td><td></td><td>–</td></tr>
<tr><td rowspan="2">9</td><td rowspan="2">아주 밝은 황갈색</td><td rowspan="2"></td><td>–</td><td></td><td>–</td></tr>
<tr><td>–</td><td></td><td>–</td></tr>
<tr><td rowspan="2">8</td><td rowspan="2">밝은 황갈색</td><td rowspan="2"></td><td>15</td><td>옐로우</td><td></td></tr>
<tr><td>14</td><td rowspan="2">오렌지 _옐로우</td><td></td></tr>
<tr><td rowspan="2">7</td><td rowspan="2">황갈색</td><td rowspan="2"></td><td>13</td><td></td></tr>
<tr><td>12</td><td rowspan="2">오렌지</td><td></td></tr>
<tr><td rowspan="2">6</td><td rowspan="2">어두운 황갈색</td><td rowspan="2"></td><td>11</td><td></td></tr>
<tr><td>10</td><td rowspan="2">레디쉬 오렌지</td><td></td></tr>
<tr><td rowspan="2">5</td><td rowspan="2">밝은 갈색</td><td rowspan="2"></td><td>9</td><td></td></tr>
<tr><td>8</td><td rowspan="2">레디쉬 브라운</td><td></td></tr>
<tr><td rowspan="2">4</td><td rowspan="2">갈색</td><td rowspan="2"></td><td>7</td><td></td></tr>
<tr><td>6</td><td rowspan="2">브라운</td><td></td></tr>
<tr><td rowspan="2">3</td><td rowspan="2">어두운 갈색</td><td rowspan="2"></td><td>5</td><td></td></tr>
<tr><td>4</td><td rowspan="5">블랙</td><td></td></tr>
<tr><td rowspan="2">2</td><td rowspan="2">아주 어두운 갈색</td><td rowspan="2">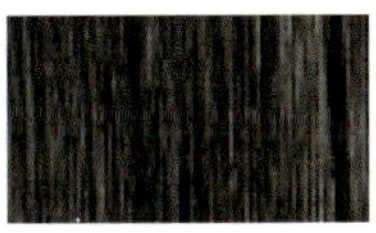</td><td>3</td><td></td></tr>
<tr><td>2</td><td></td></tr>
<tr><td rowspan="2">1</td><td rowspan="2">흑색</td><td rowspan="2"></td><td rowspan="2">1</td><td></td></tr>
<tr><td></td></tr>
</table>

2) 반사빛 숫자 표기법

반사빛은 숫자에 따라 색을 지정하여 표기하게 된다. 염모제 회사에 따라 반사빛의 넘버링은 달라지게 되는데 대표적으로 L사와 W사의 넘버링을 예로 들 수 있다.

① L사 반사빛 숫자 표기법

.No	반사빛 색상	반사빛 명칭
미표기		기본색
.1		잿빛
.2		보라빛
.3		금빛
.4		구리빛
.5		자주빛
.6		적빛
.7		매트
.8		모카
.0_	반사빛 색소의 양 1/3	자연스러운
._0	반사빛 색소의 양 10배	강한
.__(더블)	반사빛 색소의 양 1과 1/3	진한

L사의 영구 염모제 반사빛은 색상을 부드럽게 변화시킬 수 있는 잿빛(회색/파란색), 보랏빛(보라색), 금빛(노란색), 구리빛(주황색), 자주빛(마호가니), 적빛(빨간색), 매트(초록색), 모카(풀색) 등으로 구성된다.
이때 따뜻한 계열(노랑, 오렌지, 레드)의 반사빛은 밝게 느껴지며, 차가운 계열(파랑, 초록, 보라)의 반사빛은 어둡게 느껴진다.
L사는 반사빛은 동일하게 표기하고 읽는 방법도 동일하지만 제품의 계열과 종류에 따라 동일한 명도와 반사빛 넘버링을 가졌음에도 색의 명도와 톤이 조금씩 다르게 나타난다.

잠깐! 〈같은 명도의 같은 반사빛 넘버링이라도 염모제의 명도와 색이 다른 경우〉

L사는 같은 명도의 동일한 반사빛 넘버링이더라도 염모제 제품의 계열에 따라 색이 다른 경우가 있다.
ex) L사의 앱솔루트 계열 6.1과 쿨커버 계열 6.1은 동일한 명도와 동일한 반사빛을 가졌지만 색의 깊이와 톤이 다르다.

[앱솔루트 계열]

6.1

잿빛 어두운 황갈색

[쿨커버 계열]

6.1

잿빛 어두운 황갈색

예) L사의 경우

명도 반사빛
↑ ↑
8.34
↓ ↓
주 반사빛 보조 반사빛

L사 반사빛 표기 넘버링

.No	반사빛 색상	반사빛 명칭
미표기		기본색
.1		잿빛
.2		보라빛
.3		금빛
.4		구리빛
.5		자주빛
.6		적빛
.7		매트
.8		모카
.0_	반사빛 색소의 양 1/3	자연스러운
._0	반사빛 색소의 양 10배	강한
.__(더블)	반사빛 색소의 양 1과 1/3	진한

L사의 경우 반사빛은 .(점) 바로 뒤 주로 표현되는 색상인 주 반사빛과 그 뒤로 주 반사빛에 다른 색을 가미하여 오묘하고 깊은 색을 표현하는 색상인 보조 반사빛 2가지가 있다.

이때, 반사빛의 넘버링이 없고 명도만 표기되어 있는 경우는 자연모 레벨의 명도와 반사빛을 지닌 기본색을 뜻한다.

L사는 염모제 반사빛의 양을 .0_ , ._0 ._ _ 표기법으로 조절하여 표기하고 있다.

잠깐! 〈L사 염모제 반사빛의 양 표기법〉

ex) L사 염모제 반사빛 .1의 양을 1로 보았을 때

① .01인 경우 – 반사빛의 양이 1/3 정도만 들어 있어 자연스러운 색상을 연출하게 된다.

② .10인 경우 – 반사빛의 양이 10배로 들어 있어 강한 색상을 연출하게 된다.

③ .11인 경우 – 반사빛의 양이 1과 1/3 정도로 들어 있어 진한 색상을 연출하게 된다.

② W사 반사빛 숫자 표기법

예) W사의 경우

명도 반사빛

↑ ↑

8/37

↓ ↓

주 반사빛 보조 반사빛

W사 반사 빛 번호체계

계열	번호	명칭	색상
CREATIVE (크리에이티브)	1	그레이	
	2	비리디언	
	3	옐로우	
	4	만다린	
	5	마젠타	
	6	바이올렛	
	8	인디고	
VEIL TEXTURE (베일 텍스춰)	91	베일 그레이	
	92	베일 비리디언	
	93	베일 옐로우	
	94	베일 만다린	
	95	베일 마젠타	
	96	베일 바이올렛	
	97	베일 베이지	
BRIGHT BROWN(BB) (브라이트 브라운)	17	BB 애쉬	
	27	BB 올리브	
	37	BB 골드	
	47	BB 핑크	
	77	BB 체스넛	

W사 반사 빛 번호체계

계열	번호	명칭	색상
NATURAL BROWN(NB) (내츄럴 브라운)	0	NB 블랙	
	02	NB 매트	
	03	NB 옐로우	
	04	NB 웜	
	07	NB 베이지	
NATURE CONTROL (네이처 컨트롤)	00	네이처 컨트롤	자연모 기본색
COLOR CONTROL (컬러 컨트롤)	Clear	클리어	
	Platinum	플래티넘	
	Navy	네이비	
	Smoke	스모크	
	Dull	덜	
	Beige	베이지	
	Brown	브라운	
	Pink	핑크	
	Purple	퍼플	
	Silver	실버	
	Silver booster	실버 부스터	
	Gray	그레이지	
	Graige booster	그레이지 부스터	
	Deep booster	딥 부스터	

W사의 영구 염모제 반사빛은 블랙색소를 띈 브라운 계열인 딥, 갈색 계열인 브라운, 채도가 높은 브라운 계열인 리치, 유채색 계열인 퓨어, 자연모 레벨 명도의 기본색 계열인 네이처 컨트롤, 염모제 혼합 시 추가로 가미하는 광택 계열인 플래티넘으로 구성된다.

이때 따뜻한 계열(옐로우, 오렌지, 레드)의 반사빛은 밝게 느껴지며, 차가운 계열(블루, 애쉬, 바이올렛)의 반사빛은 어둡게 느껴진다.

3) 염모제 넘버링 읽는법

① L사 염모제 넘버링 읽는법

예) L사의 경우

읽는 순서 ←

③ ② ①

8.34 **= 구리 금빛 밝은 황갈색**

L사의 경우 염모제는 뒤에서 보조 반사빛 → 주 반사빛 → 명도 순으로 읽는다. 여기서 보조 반사빛의 '빛'이라는 명칭은 빼고 읽어야 한다.

ex) 8.34 = 구리빛 금빛 밝은 황갈색(X) / 구리 금빛 밝은 황갈색(O)

하지만, 반사 빛의 양에 따라 표기하는 반사빛 표기가 섞여 있는 염모제의 표기법은 위의 순서를 따르지 않고 표기한다.

ex) 8.3 = 금빛 밝은 황갈색

① 자연스러운 : 자연스러운이 맨 앞으로 표기된다. (8.03 = 자연스러운 금빛 밝은 황갈색)

② 진한 : 진한이 맨 앞으로 표기된다. (8.33 = 진한 금빛 밝은 황갈색)

③ 강한 : 강한이 맨 앞으로 표기된다. (8.30 = 강한 금빛 밝은 황갈색)

L사 영구 염모제 명도 표기법

명도 레벨	레벨 읽는 방법	색상
10	금색	
9	아주 밝은 황갈색	
8	밝은 황갈색	
7	황갈색	
6	어두운 황갈색	

L사 영구 염모제 명도 표기법

명도 레벨	레벨 읽는 방법	색상
5	밝은 갈색	
4	갈색	
3	어두운 갈색	
2	아주 어두운 갈색	
1	흑색	

.No	반사빛 색상	반사빛 명칭
미표기		기본색
.1		잿빛
.2		보라빛
.3		금빛
.4		구리빛
.5		자주빛

L사 반사빛 표기 넘버링

.No	반사빛 색상	반사빛 명칭
.6		적빛
.7		매트
.8		모카
.0_	반사빛 색소의 양 1/3	자연스러운
._0	반사빛 색소의 양 10배	강한
.__(더블)	반사빛 색소의 양 1과 1/3	진한

L사 반사빛 표기 넘버링

① W사 염모제 넘버링 읽는법

예) W사의 경우

읽는 순서 →

① ②

8/37 = 8 Level, BB골드(8 레벨, 비비골드)

W사의 경우 염모제는 앞에서 명도를 레벨로 먼저 읽고 ,(콤마)를 표기한 후 띄우고 반사빛 순으로 읽는다. 이때, W사는 명도의 레벨의 숫자와 레벨이라는 명칭을 덧붙여 표기한다.

ex) 8/93 = 베일옐로우, 8레벨(X) / 8레벨, 베일옐로우(O)

W사 영구 염모제 명도 표기법

명도 레벨	레벨 읽는 방법	색상
15	옐로우	
14	오렌지 옐로우	
13		
12	오렌지	
11		
10	레디쉬 오렌지	
9		

W사 영구 염모제 명도 표기법

명도 레벨	레벨 읽는 방법	색상
8	레디쉬 브라운	
7		
6	브라운	
5		
4	블랙	
3		
2		
1		

W사 반사 및 번호체계			
계열	번호	명칭	색상
CREATIVE (크리에이티브)	1	그레이	
	2	비리디언	
	3	옐로우	
	4	만다린	
	5	마젠타	
	6	바이올렛	
	8	인디고	
VEIL TEXTURE (베일 텍스춰)	91	베일 그레이	
	92	베일 비리디언	
	93	베일 옐로우	
	94	베일 만다린	
	95	베일 마젠타	
	96	베일 바이올렛	
	97	베일 베이지	
BRIGHT BROWN(BB) (브라이트 브라운)	17	BB 애쉬	
	27	BB 올리브	
	37	BB 골드	
	47	BB 핑크	
	77	BB 제스닛	

W사 반사 및 번호체계			
계열	번호	명칭	색상
NATURAL BROWN(NB) (내츄럴 브라운)	0	NB 블랙	
	02	NB 매트	
	03	NB 옐로우	
	04	NB 웜	
	07	NB 베이지	
NATURE CONTROL (네이처 컨트롤)	00	네이처 컨트롤	자연모 기본색
COLOR CONTROL (컬러 컨트롤)	Clear	클리어	
	Platinum	플래티넘	
	Navy	네이비	
	Smoke	스모크	
	Dull	덜	
	Beige	베이지	
	Brown	브라운	
	Pink	핑크	
	Purple	퍼플	
	Silver	실버	
	Silver booster	실버 부스터	
	Gray	그레이지	
	Graige booster	그레이지 부스터	
	Deep booster	딥 부스터	

3) 기타

① 컬러 차트(Shade charts)

컬러차트는 제조업체에서 그들만의 고유 영역의 색상을 표현하기 위한 모발 샘플을 책자로 제작하여 배보한 것이다. 차트의 형태는 folder(폴더: 접었다. 열었다 하는), display card(디스플레이 카드), 쇠고리에 달려 있는 형태 등으로 제작되어 있으며 흰색 나일론(인조 합성 섬유)에 색을 입힌 것이다. 색명은 고객 상담 시에 활용되며, 숫자에서 드러나는 밝기 및 색상이 제시된 상징체계이며 제조사 다양하게 표기된다.

KP+ COLOR CHART KP플러스 컬러 차트

상상하던 색감을 생각 그대로 구현해보세요.

LEVEL \ TONE	NATURE CONTROL: Nature Control 네이처 컨트롤 00	CREATIVE: Grey 그레이 1	Viridian 비리디언 2	Yellow 옐로우 3	Mandarin 만다린 4	Magenta 마젠타 5	Violet 바이올렛 6	Indigo 인디고 8	VEIL TEXTURE: Veil Grey 베일 그레이 91	Veil Viridian 베일 비리디언 92	Veil Yellow 베일 옐로우 93	Veil Mandarin 베일 만다린 94	Veil Magenta 베일 마젠타 95	Veil Violet 베일 바이올렛 96	Veil Beige 베일 베이지 97
14 (1+3)	14/00	14/1	14/2	14/3	14/4	14/5	14/6	14/8	14/91		14/93		14/95		
12 (1+2)	12/00	12/1	12/2	12/3	12/4	12/5	12/6	12/8	12/91	12/92	12/93	12/94	12/95	12/96	12/97
11 (1+2)															
10	10/00	10/1	10/2	10/3	10/4	10/5	10/6	10/8	10/91	10/92	10/93	10/94	10/95	10/96	10/97
9	9/00														
8	8/00	8/1	8/2	8/3	8/4	8/5	8/6	8/8	8/91	8/92	8/93	8/94	8/95	8/96	8/97
7	7/00														
6	6/00	6/1	6/2	6/3	6/4	6/5	6/6	6/8	6/91	6/92	6/93	6/94	6/95	6/96	6/97
5	5/00														

LEVEL \ TONE	BRIGHT BROWN: BB Ash BB 애쉬 17	BB Olive BB 올리브 27	BB Gold BB 골드 37	BB Pink BB 핑크 47	BB Chestnut BB 체스넛 77	NATURAL BROWN: NB Black NB 블랙 0	NB Matt NB 매트 02	NB Yellow NB 옐로우 03	NB Warm NB 웜 04	NB Beige NB베이지 07
14 (1+3)										
12 (1+2)										
11 (1+2)	11/17	11/27	11/37	11/47	11/77					
10	10/17	10/27	10/37	10/47	10/77					
9	9/17	9/27	9/37	9/47	9/77					
8	8/17	8/27	8/37	8/47	8/77	8/0	8/02	8/03	8/04	8/07
7	7/17	7/27	7/37	7/47	7/77	7/0	7/02	7/03	7/04	7/07
6						6/0	6/02	6/03	6/04	6/07
5						5/0	5/02	5/03	5/04	5/07
4						4/0			4/04	4/07
3						3/0				
2						2/0				
1						1/0				

COLOR CONTROL

Clear 클리어	Platinum 플래티넘	Navy 네이비	Smoke 스모크	Dull 덜	Beige 베이지	Brown 브라운	Pink 핑크	Purple 퍼플	Silver 실버	Silver Booster 실버 부스터	Greige 그레이지	Greige Booster 그레이지 부스터	Deep Booster 딥 부스터

- 본 차트의 색상은 100% 백모에 샘플링한 이미지입니다.
- 본 차트의 색상은 모발 상태와 인쇄 환경에 따라 차이가 있을 수 있습니다.
- 안전한 시술을 위해 사용 전 패치 테스트를 진행하세요.

Majibrown IONÈNE G incell

마지브라운 Maji Brown

세련되고 패셔너블한 그레이 헤어의 캐모 서비스를 위한 브라운 시리즈 염모제

제품특징

- **패션 캐모 서비스** | 50% 미만의 백모에서 다양하고 세련된 패션 컬러와 동시에 백모 캐모 효과를 얻음
- **최상의 모발 보호** | 로레알의 특허 성분인 인셀(Incell)™과 이오닌 G™로 건강하고 윤기나는 컬러 결과

사용방법

- **염모제** 50g
- **산화제** 1000ml, 20vol(6%)
- **혼합 비율** 1 : 1.5 (50g+75ml)
- **방치 시간** 자연 방치 30분

테크놀로지 원 스텝의 조화로운 패션 그레이 헤어 커버

그레이 헤어와 자연모의 차이를 최대한 줄입니다.
또한 내추럴한 퇴색과 함께 퇴색 사이클이 길어집니다.

마지브라운 플랫폼

- **마지브라운** | 깊고 풍부한 브라운
- **마지브라운 내추럴** | 부드럽고 자연스러운 브라운

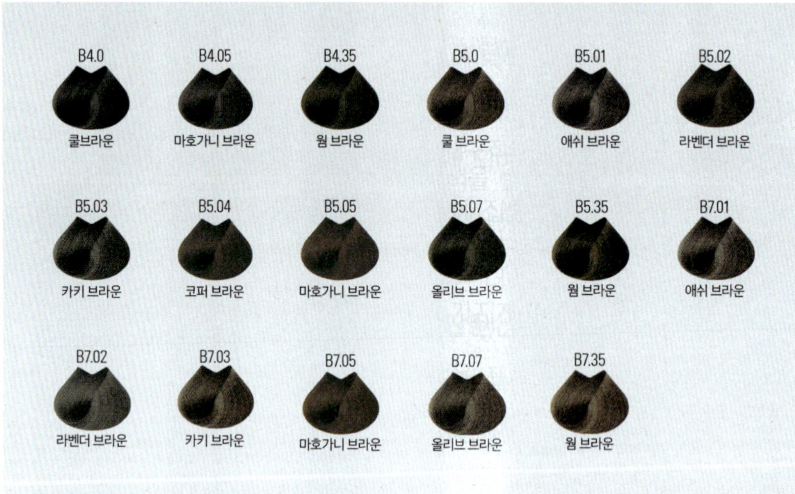

Majirel Metal

마지렐 메탈 Majirel Metal

메탈릭한 반사빛으로 글로시한 광택감을 부여해주는 컬러 염모제

제품특징

- 풍부한 메탈릭 반사빛
- **크롬이펙트** : 글로시한 광택감
- 반투명한 컬러 표현
- 디자인 컬러 후 뿌리에서 길이까지 자연스러운 연결

사용방법

- **염모제** 50g
- **산화제** 1000ml, 20vol(6%), 30vol(9%)
- **혼합 비율** 1 : 1.5 (50g+75ml)
- **방치 시간** 자연 방치 35분

MAJI FASHION
CRÈME DE BEAUTÉ. LIMITLESS HAIR COLORS

파스텔 Pastel

Read Labels Example

MAJI FASHION
7.17
NORDIC BLUE

컬러 카테고리 P | Pastel

파스텔

차별화된 윤기와 투명한 파스텔 컬러

6.17	7.17	6.21	7.21	
노르딕 블루		소프트 라일락		
6.42	7.42	6.71	7.71	
캔디 핑크		민트 실버		
11.07	12.11	12.26	12.3	12.4
마차 애쉬	실버 브라운	프렌치 라벤더	골든 샌드	브론즈 가디스
12.5	12.6	12.62	12.64	12.7
어시 선셋	체리 블러쉬	베리 주스	선셋 글로우	민트 실버
13	6.014	7.041		
골든 샌드	베이지 파리지엔			

울트라 파스텔

쿨하고 선명하게 빛나는 울트라 파스텔 컬러

6.01	8.01	6.11	8.11	6.10	8.10
실비문		블루스톤		스모키 블루	
6.41	8.41	6.12	8.12	6.52	8.52
피치 골드		프렌치 라벤더		펄 마호가니	
7.13	9.13	6.73	8.73		
누드 베이지		스모키 제이드			

Read Labels Example

MAJI FASHION
6.11H
AZURE

컬러 카테고리 P | Pastel
테크놀로지 H | High Chroma

애쉬 퓨어

최상의 언더코트 중화와 세련된 반사빛을 위한 애쉬 컬러

6.11H	8.11H	10.11H	6.17H	8.17H	10.17H
아쥬레			올리비에		

MAJI FASHION
CRÈME DE BEAUTÉ. LIMITLESS HAIR COLORS

매트 Matte

Read Labels Example

MAJI FASHION
6.1
MINK SPLENDOUR

컬러 카테고리 M | Matte

매트

높은 커버리지를 위한 따뜻한 언더톤을 중화하는데 효과적인 컬러

2.10	5.1	6.1	7.1	8.1	7.11
블루 슬레이트	밍크 스플랜더	밍크 스플랜더	밍크 스플랜더	밍크 스플랜더	윈터 밍크

6.07	8.07	9.07	7.23	10.31
그린 프로그	그린 프로그	그린 프로그	더스티 미러	마더 오브 펄

Read Labels Example

MAJI FASHION
cc6.1
MINERAL BLUE

컬러 카테고리 M | Matte
테크놀로지 CC | Cool Cover*

매트 쿨커버

특별한 쿨베이스와 뉴트럴한 쿨한 색감을 표현하는 컬러

CC 6.1	CC 7.1	CC 8.1	CC 10.1	CC 7.11	CC 9.11
미네랄 블루	미네랄 블루	미네랄 블루	미네랄 블루	블루 스틸	블루 스틸

CC 6.8	CC 7.8	CC 8.8	CC 7.18	CC 7.88
너티 모카	너티 모카	너티 모카	프로스트 커피	모카 로카

***크롬 이펙트** Chrome Effect

마지 패밀리 쿨 커버의 크롬 효과는 쿨 베이스에 쿨 반사빛이 더해져 만들어짐
안정적인 백모커버가 가능해지고 크롬이 갖는 메탈릭한 느낌까지 표현

베이스 조성

MAJI FASHION
CRÈME DE BEAUTÉ. LIMITLESS HAIR COLORS

라끄 Lacquer

Read Labels Example

MAJI FASHION
5.35
ROSE GOLD

컬러 카테고리 L | Lacquer

라끄

완벽한 윤기와 풍부한 베이스로 보는 각도에 따라 다채로운 색감의 컬러

4.3	5.3	6.3	7.3	8.3	9.3	5.25
골든 텐	골든 텐	골든 텐	골든 텐	골든 텐	골든 텐	드라이드 와인

5.35	6.35	5.5	6.52	6.23	4.26	9.22
로즈 골드	로즈 골드	마호가니	힌트 오브 퍼플	퍼플리시우스	레드 벨벳	바이올렛 레모네이드

9.21	10.21	7.43	4.45	6.45	8.45
스파클링 로제	스파클링 로제	허니 코퍼	번트 오렌지	번트 오렌지	번트 오렌지

MAJI FASHION
CRÈME DE BEAUTÉ. LIMITLESS HAIR COLORS

바이브런트 Vibrant

Read Labels Example
MAJI FASHION
6.66
CHILLI RED
컬러 카테고리 V | Vibrant

바이 브런트 강렬하고 벨벳 같은 고급스러운 붉은계열의 컬러

4.20	5.20	6.64	6.66	5.62
울트라 바이올렛	울트라 바이올렛	파이어+스파이스	칠리 레드	리치 루비

7.4	7.44	CONTRAST RED
패션	진저 핫	레드 칼레이도스코프

MAJI FASHION
CRÈME DE BEAUTÉ. LIMITLESS HAIR COLORS

부스터 Booster

Read Labels Example
MAJI FASHION
VIOLET
MAJIMIX VIOLET
컬러 카테고리 B | Booster

부스터 마지 패밀리에 혼합하여 다양한 멀티톤과 색감의 선명함을 더해주는 믹스 전용 염모제

ROUGE	CUIVRE	VIOLET	VERT	BLEU
마지믹스 레드	마지믹스 코퍼	마지믹스 바이올렛	마지믹스 그린	마지믹스 블루

- 마지 패밀리에 혼합하여 사용
- 마지 패밀리 도포 테크닉 동일하게 사용 (직, 반, 종연연장)
- 마지 패밀리 1튜브 기준 마지 패밀리 부스터 ¼ 튜브 혼합 (산화제 추가 증량 없음)

MAJI COVER

마지커버 Maji Cover

Read Labels Example
MAJI FASHION
3
DARK BROWN
컬러 카테고리 Maji Cover

기본 기본 색감으로 그레이 커버리지와 지속력이 높은 컬러

1	3	4	5	6
흑색	어두운 갈색	갈색	밝은 갈색	어두운 황갈색

7	10
황갈색	금색

Read Labels Example
MAJI FASHION
cc 5.18
LIGH ASH MOCHA BROWN
COOL COVER
컬러 카테고리 Maji Cover
테크놀로지 CC | Cool Cover*

쿨 커버 특별한 쿨베이스의 기본 색감으로 그레이 커버리지와 지속력이 높은 컬러

CC4	CC5	CC6	CC5.18	CC5.8
쿨커버 브라운	쿨커버 라이트 브라운	쿨커버 다크 블론드	쿨커버 라이트 애쉬 모카	쿨커버 라이트 모카 브라운

9. 염색 사전 테스트

염색 사전 테스트는 패치 테스트와 스트랜드 테스트로 나뉜다.
패치 테스트는 염색이나 모발 보호 제품의 성분 중에 유해 성분이 있을 수 있으므로 염색 최초 시술 시 패치 테스트를 실시하여 피부의 변화를 살펴보아야 한다.
고객에게 테스트 양성 반응이 나타나면 염색을 할 수 없다.
스트랜드 테스트는 고객의 모발 이력을 정확히 파악할 필요가 있을 경우나 고객의 희망 색 시술과정을 결정하는데 매우 효과적으로 사용할 수 있는 방법 중에 하나이다.

(1) 패치 테스트

1) 방법

① 첩포실험을 하기 위해 소독제가 묻은 솜으로 피부를 닦아낸다.
② 팔꿈치 안쪽 동맥이 흐르는 곳 또는 가장 얇은 표피층인 귀 뒤쪽에 시술할 염모제 제1액과 제2액을 소량 혼합하여 묻힌다.
③ 완전히 반응이 끝나도록 48시간 동안 방치한다.

이때 붉은 반점, 가려움이 있거나 물집이 생기면 양성반응이므로 염색을 시술할 수 없다. 반대로 이러한 현상이 나타나지 않으면 음성반응이므로 시술이 가능하다. 이때 임상 시 두피부분의 통증(따끔거림)과 눈시림(눈의 따가움), 이마 · 목 부위가 붉게 되는 경우나 몸이 아플 때는 작업을 중지하고 염모제를 제거해야 한다.

2) 결과

알레르기 테스트에서 음성반응을 보이고 염증도 나타나지 않으면 안심하고 아날린 염료를 사용할 수 있다.
만약 검사에서 양성반응을 보이면 빨갛게 되거나 부어오르거나 타는 듯하고 가렵고 물집이 생긴다. 알레르기가 있는 고객에게는 아날린 유도성 염료를 사용해서는 안 된다.
아날린 염료에 알레르기가 없어도 눈썹이나 속눈썹에는 절대로 사용하면 안 된다. 알레르기 반응이 있을 때 눈 근처에 사용하면 시력이 저하될 수도 있다.

(2) 스트랜드 테스트

1) 방법

스트랜드 테스트를 한다.

① 백 부분의 모발을 가로 2cm, 세로 1cm 미만의 모량을 사선으로 슬라이스 하여 테스트 부위를 선정한다.
② 염 · 탈색제를 1제와 2제를 혼합 비율(염모제 1 : 1 또는 탈색제 1 : 3)에 맞도록 준비한다.
③ ①번의 모발에 준비된 ②번의 테스트제품을 도포한다.
④ 테스트 부분을 호일이나 랩을 이용하여 테스트를 하지 않는 부분에 약제가 닿지 않도록 한다.
⑤ 시술과 동일한 환경에서 일정한 시간을 방치한다.
⑥ 방치 시간이 끝나면 테스트 부분을 감싸고 있는 호일이나 랩을 제거 한다.
⑦ 물분무기나 젖은 타월을 이용하여 약제를 제거 한다.
⑧ 드라이기기를 이용하여 테스트 부분을 건조한다.
⑨ 스트랜드 테스트 결과를 확인한다.

2) 결과

작업 약액의 색상 선정이 바르게 되었는지를 파악하고 염모제의 작용시간, 고객의 이전 모발 이력, 두피 알레르기 반응 등을 보기 위해 실시한다.

[스트랜드 테스트 결과 시 고려 사항]

- 반사빛 제거
- 모발의 손상도
- 피부 알레르기 검사 결과
- 두피 자극성

10. 영구 염모제 도포법

영구 염모제의 도포법은 염모제 량에 따라, 모발 길이에 따라, 재염색을 할 경우, 톤 다운을 할 경우에 따라 도포 방법이 달라지게 된다.

(1) 염모제 양 조절 도포법

1) 브러시로 약액을 더는 염모제 양 조절법

염모제를 묻힌 브러시의 양을 조절하고자 하는 경우 염색볼에 긁어 양을 조절할 수 있다.

아주 적은 양을 원하는 경우 / 적은 양을 원하는 경우 / 많은 양을 원하는 경우

아주 적은 양을 원하는 경우	염모제가 묻어있는 브러시를 좌우로 돌려가며 염색볼에 염모제를 긁어내어 양을 조절한다.
적은 양을 원하는 경우	염모제가 묻어있는 브러시를 뒷 방향으로 염색볼에 염모제를 긁어내어 양을 조절한다.
많은 양을 원하는 경우	염모제가 묻어있는 브러시를 그대로 사용하여 양을 조절한다.

2) 브러쉬의 각도로 조정하는 염모제 양 조절법

염모제를 도포하는 브러시의 각도를 통해 염모제의 양을 조절할 수 있다.

사진			
브러시 각도	90~70°	45°	15~0°
염모제의 양	적음	보통	많음

(2) 자연모 도포법 – 모발 길이에 따른 도포법

자연모의 염색 도포 시 결정하는 도포법을 말한다.

이때 모발의 길이에 따라 염모제를 도포하는 방법을 달리하게 된다. 그 이유는 두피 온도에 의해 두피부터 모발의 1~2cm가 모발의 다른 부위에 비해 작용시간이 1.5배~2배 이상 빨라지기 때문에 두피 열을 고려하여 도포법을 결정해야 한다.

또, 자연모의 경우 모발의 길이가 20cm 이상이 될 경우 모발 끝 부분이 햇빛이나 외부의 자극을 통해 퇴색되어 모발이 다른 부위보다 밝기 때문에 이러한 퇴색도도 고려하여 도포법을 결정해야 한다.

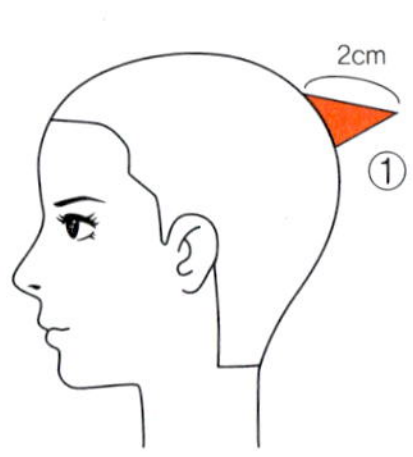	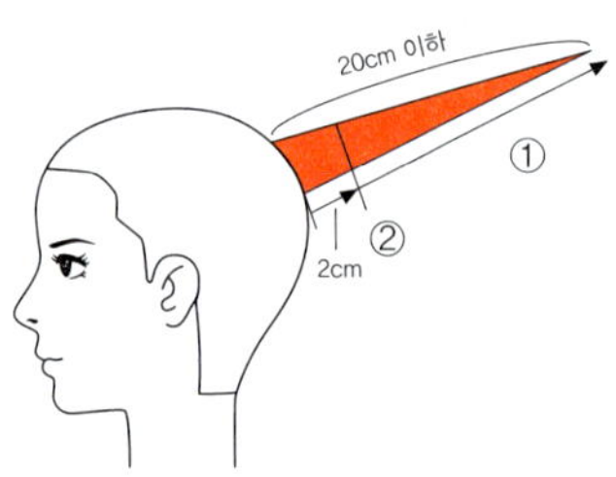	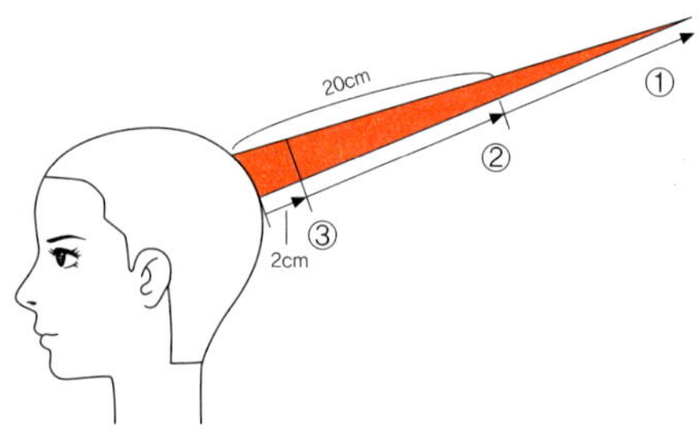
모발의 길이가 2cm 이하인 경우	모발의 길이가 20cm 이하인 경우	모발의 길이가 20cm 이상인 경우
원 터치	투 터치	쓰리 터치
① 전체 도포 후 30~35분 방치	① 모근 부위의 신생모 2cm를 제외한 나머지 도포 후 15~20분 방치 ② 모근 부위의 신생모 2cm 부위 도포, 아래 연결 후 20~15분 방치	① 모근 부위의 신생모 20cm를 제외한 나머지 도포 후 10~15분 방치 ② 모근 부위의 신생모 2cm를 제외한 나머지 도포 후 10~15분 방치 ③ 모근 부위의 신생모 2cm 부위 도포, 아래 연결 후 5~10분 방치

(3) 재염색 기법 1 - 신생모 도포법 (뿌리 염색)

염색 후 시간이 지나 모발이 새로 자라난 신생모 부분만 재염색을 하고자 하는 경우 사용하는 기법을 말한다. 흔히 '뿌리염색'이라고도 한다.

기염모가 신생모보다 어두운 경우	기염모가 신생모보다 밝고 신생모의 모발 길이가 2cm 이하인 경우	기염모가 신생모보다 밝고 신생모의 모발 길이가 2cm 이상인 경우
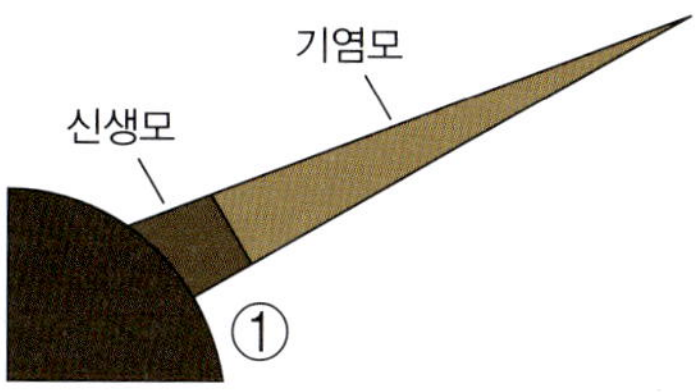	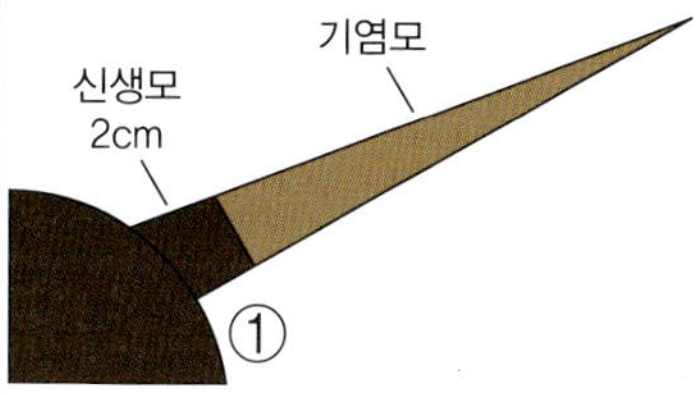	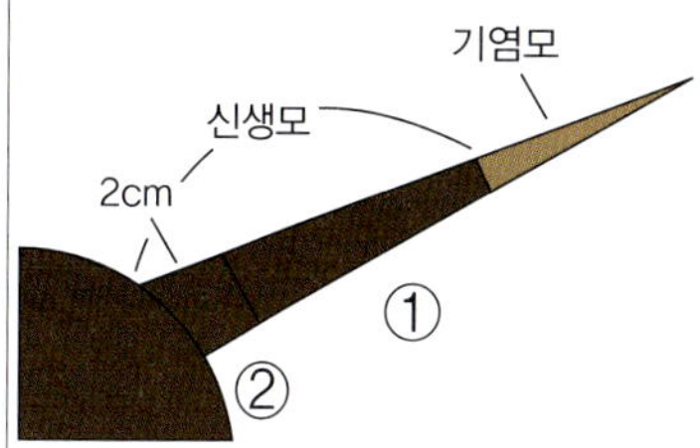
원 터치	원 터치	투 터치

1) 기염모가 신생모보다 어두운 경우 - 원 터치

기염모가 신생모보다 어두울 경우 모발 길이에 관계없이 신생모 부분에 원 터치로 도포한다.

2) 기염모가 신생모보다 밝고 신생모의 모발 길이가 2cm 이하인 경우 - 원 터치

기염모가 신생모보다 밝고 신생모의 모발 길이가 2cm 이하인 경우 신생모 부분을 원 터치로 도포한 뒤 브러시를 통해 가볍게 연결 시켜준다.

3) 기염모가 신생모보다 밝고 신생모의 모발 길이가 2cm 이상인 경우 - 투 터치

기염모가 신생모보다 밝고 신생모의 모발 길이가 2cm 이상인 경우 투 터치 기법으로 도포한다. 모근 부위의 신생모 2cm 부분을 제외한 나머지 신생모를 도포 → 모근 부위의 신생모 2cm를 도포 → 기염모와 브러시를 통해 가볍게 연결 시켜준다.

(4) 재염색 기법 2 - 퇴색된 기염모와 신생모 색상 일치 도포법

이미 퇴색된 기염모와 신생모를 색상을 일치시키는 염색을 진행하고 싶을 경우 도포방법을 다르게 하여 신생모와 기염모의 염색 결과를 일치하게 만들어 주는 기법이다. 이러한 기법은 염모제 회사 별로 다르게 제시하고 있다.

1) L사 - 연연장 기법

L사의 경우 영구 염모제에 혼합되는 산화제가 6%, 9%만 시판되고 있다. 기염모의 퇴색도에 따라 과산화수소의 작용을 6% 산화제 보다 떨어뜨려 기염모와 신생모의 컬러를 일치시켜야 하나, 3% 산화제가 제품으로 나오지 않기 때문에 염모제에 온수를 섞어 사용함으로써 과산화수소의 작용을 떨어뜨리게 된다. 이러한 기법을 연연장 기법이라 한다.

연연장 기법은 기염모의 퇴색 정도에 따라 방치시간을 다르게 하여 변화를 주는 것을 말하며 재염색 시 기염모의 모발이 색상의 겹침으로 인해 탁한 색을 띄는 것을 방지하고 신생모와 기염모의 염색 결과를 일치하게 만든다.

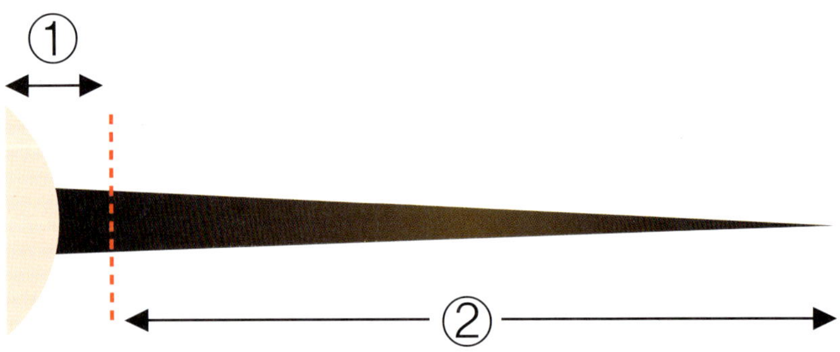

연연장 순서

① 신생모 도포 후 방치 → 도포 후 남은 염모제에 온수 10~15cc 혼합 → ② 기염모 도포 후 방치

연연장 기법	기염모 퇴색 정도	작업 방법	
직연연장	약간의 퇴색		신생모 도포 직후→ 남은 염모제에 온수 10~15cc 혼합→ 기염모 도포 후 35분 방치
중연연장/ 반연연장	1레벨 정도 퇴색	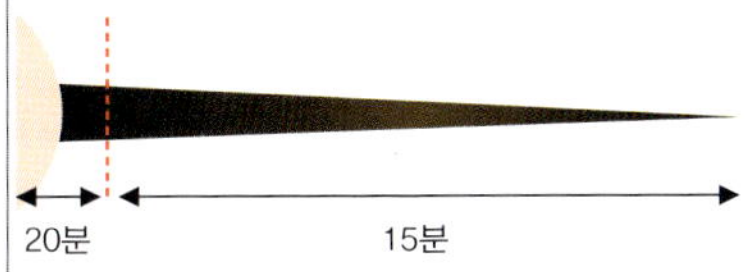	신생모 도포 후 20분 방치→ 남은 염모제에 온수 10~15cc 혼합→ 기염모 도포 후 15분 방치
종연연장	2레벨 정도 퇴색	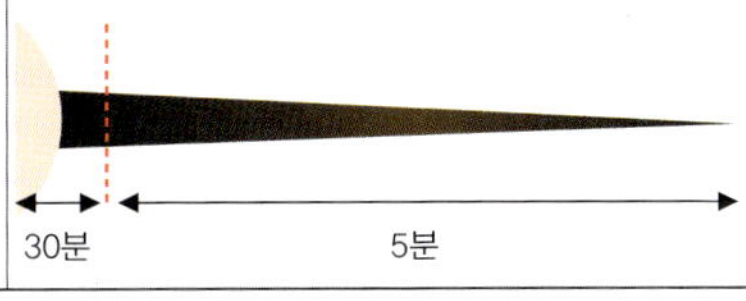	신생모 도포 후 30분 방치→ 남은 염모제에 온수 10~15cc 혼합→ 기염모 도포 후 5분 방치

2) W사의 경우 - 토닝 기법

W사의 경우 영구 염모제에 혼합되는 산화제가 3%, 6%, 9%로 다양하게 시판되고 있다. 기염모의 레벨과 퇴색도에 따라 신생모와 기염모의 부위별로 염모제와 산화제의 3%, 6%를 혼합하여 사용함으로써 색상의 겹침으로 인해 기염모가 탁한 색을 띄는 것을 방지하고 기염모와 신생모의 컬러를 일치시켜준다. 이를 토닝 기법이라한다.

토닝 기법은 기염모와 신생모와의 레벨 차이에 의해 염모제의 명도를 결정하고 각 염모제를 혼합하는 산화제의 %를 다르게 혼합하여 각 부위별로 도포하는 것으로 방치 시간의 변화와 관계없이 염모제의 명도와 산화제의 %를 활용하여 신생모와 기염모의 염색 결과를 일치하게 만든다.

토닝순서

신생모와 기염모의 자연모 레벨 확인 → 신생모에 사용할 염모제와 6% 산화제 혼합 후 도포 → 기염모에 사용할 염모제와 3% 산화제 혼합 후 도포 → 방치

토닝기법 예시	작업 방법
희망색 : 10/45 신생모 : 5Lv 기염모 : 10Lv 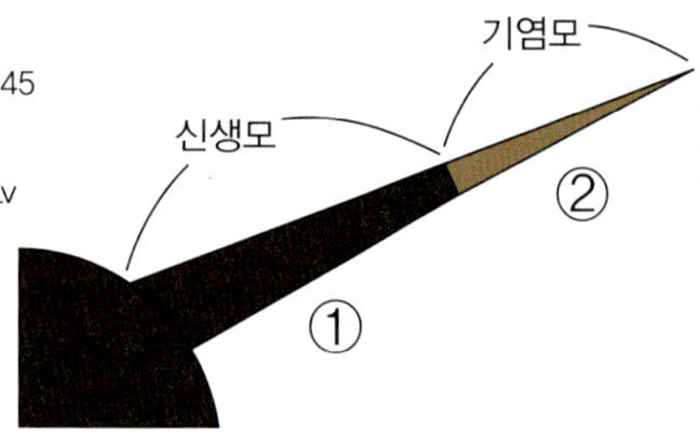	① 신생모를 10/45와 6% 산화제를 혼합하여 도포(톤 업) ② 기염모를 10/45와 3% 산화제를 혼합하여 도포(토닝)

11. 염색 시술 순서

(1) 고객 상담

헤어디자이너는 고객이 원하는 희망색을 표현하기 위해 충분한 시간을 갖고 고객과 상담함으로써 고객이 확신을 갖고 신뢰할 수 있게 해야 한다. 고객과의 상담 전 염모제의 제품 교육 자료나, 모발색상 칼라차트, 분석카드 등을 통해 모발의 명도 단계와 색조를 판단할 수 있는 보조기구들을 비치함으로서 고객과의 원활한 소통을 할 수 있게 노력해야한다.

고객과의 상담을 통해 헤어 디자이너는 두피의 상태와 모발, 고객의 희망색과 스타일을 진단하고 파악하게 된다.

두피상태와 모발진단	고객 파악
① 자연모의 레벨 ② 백모의 %율 ③ 기염부와 신생모의 레벨 ④ 반사빛 ⑤ 모발의 성질과 상태 ⑥ 자라나온 신생모의 길이	① 고객의 희망색 ② 고객의 스타일

(2) 염색 사전 테스트

고객에게 염모제를 사용하기 전 고객의 염부세 알러지 테스트인 패치 테스트와, 고객의 모발이력과 염색의 성공가능성을 확인하기 위한 스트랜드 검사를 시행한다.

패치 테스트	스트랜드 테스트
① 염모제에 따른 알러지 반응 확인	① 적절한 색을 선택했는지의 여부 ② 원하는 결과를 얻기 위해 필요한 시간의 확인 ③ 고객의 정확한 모발 이력 확인

(3) 사용할 염모제와 산화제 선정

고객의 희망색을 연출하기 위한 염모제와 산화제를 선정하고 비율을 확인한다.

(4) 염모제 도포법 선정

고객 상담 결과와 사용할 염모제에 따라 작업할 도포법과 순서를 확인한다.

(5) 블로킹 및 섹션의 폭 설정

블로킹의 종류	
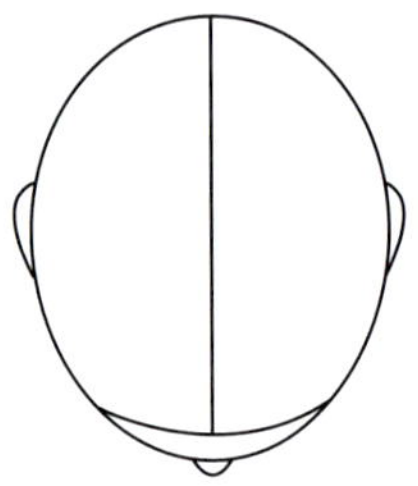	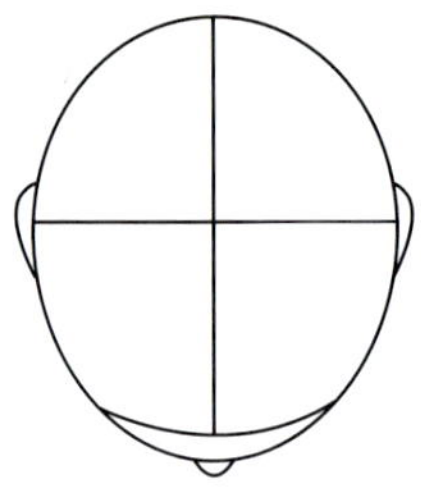
2등분	4등분

염색 작업자의 인원과 편리성에 따라 2등분 및 4등분 블로킹을 구성한다.

약액의 양과 도포 시간에 따라 올바른 섹션의 폭을 설정한다.

6) 도포

신속, 정확하게 도포한다.
도포 시 두상 부위에 따른 약액의 양을 주의하여 도포하여야 한다.
도포 후 크로스 체크하여 확인한다.

도포 시 주의사항	
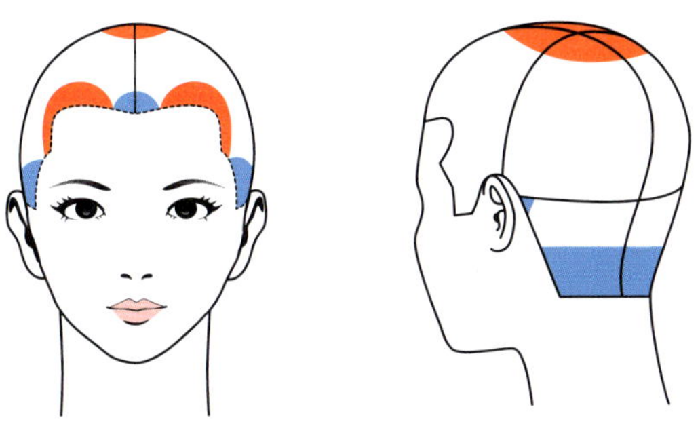	① 빨간색 부위 모질이 가늘고 두피 열전도율이 높은 부분이기 때문에 약액을 소량도포하며, 가장 마지막에 체크하도록 한다. ② 파란색 부위 열전도율이 낮고 물리적, 화학적 손상에 노출이 낮은 부분이기 때문에 약액을 다량도포하며, 꼼꼼히 체크하도록 한다.

7) 방치시간

염모제의 종류와 염색 도포법의 종류에 알맞은 방치시간을 준다.

8) 컬러 테스트

모발을 소량 잡아 수건이나 휴지로 닦아 보발의 색싱을 확인한 뒤 고객이 희망한 컬러가 올바르게 나왔는지 확인한다.

9) 에멀전 과정

모발에 염색제가 도포 되어 방치시간이 끝난 후에는 바로 세척하지 않고 모발 색상의 균일성과 윤기를 갖기 위해 도포된 염모제로 두피와 모발을 에멀전하여 염모제의 착색을 도와주고 모발에 윤기를 부여한다. 에멀전 과정을 통해 염모제를 세척하기 쉬운 상태로 만들어준다.

10) 샴푸 및 린스(트리트먼트)

컬러전용 샴푸를 사용하여 샴푸한다. 샴푸 후 컬러 린스나 컬러 트리트먼트를 사용하여 모표피를 닫아주는 역할과 알칼리 성분을 중화시키고 pH를 약산성으로 돌려 모발 손상을 최소화하고, 모발의 퇴색을 막아준다.

12. 백모 염색

(1) 백모의 정의

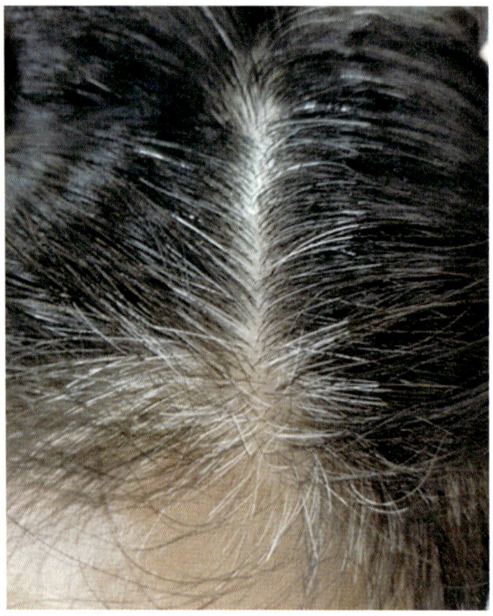

백모는 연령이 증가함에 따라 모낭에 있는 멜라노사이트(Melanocyte) 수가 감소됨과 동시에 세포활성이 저하되고 동시에 과산화수소(H_2O_2)가 축적되어 멜라닌(Melanin) 합성이 감소되어 진행된다. 백모는 특히 흑갈색계의 모발을 갖는 인종에서 더욱 명료하게 나타나며, 멜라노사이트에서 멜라닌 생성이 멈추기 때문에 일어나는 노화현상이다.

(2) 백모 염색 원리

백모의 멜라닌 과립은 계속 형성되지만 그 수 자체가 줄어 과립 안의 멜라닌 양이 점점 작아져 그 결과 모발의 색은 점차 엷어지며 모발색은 약해지면서 전체적으로 색이 없어지는 백모가 생긴다. 이는 색이 바래진 모발과 아직도 많은 양의 멜라닌을 보유한 모발 사이의 대조 때문이다. 백모도 다른 모발 색상과 마찬가지로 그 색이 다양하며 완전한 백모도 사람에 따라 음영이 다르다.

백모는 멜라닌 합성이 감소되어 일어나는 현상으로 모발의 변성과 함께 저항성을 띄게된다. 저항성을 가진 모발을 염색하기 위해서는 많은 양의 색소를 집어넣어야지만 염색이 이루어지게 되므로 대체적으로 어두운 색상으로 염색하게 된다.

특히, 저항성을 가진 백모 염색 시 완벽한 색상의 발색을 위해서는 방치시간을 준수해야 한다.

(3) 백모 발생 요인

- 노화현상
- 스트레스
- 유전적요인
- 식습관
- 병적요인
- 과도한 음주나 흡연

(4) 백모 염색

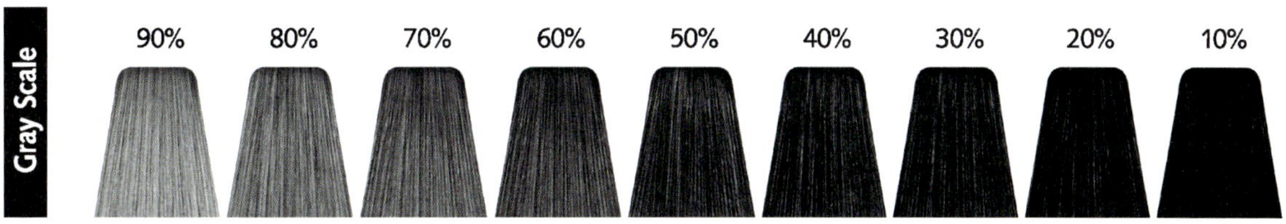

1) 반영구 염모제

반영구 염색은 모발의 기본적인 구조를 변화시키지 않는 착색만으로서 같은 색상을 더욱 어둡게 또는 히이라이트로 포인트 컬러(탈색시킨 기여색소 위에)를 할 수 있으며 산화제나 암모니아가 들어있지 않으므로 모발의 자연 색을 탈색시키지는 않지만 자연모의 탈색된 모발 또는 이미 영구 염모제로 염색된 모발에 독특한 컬러를 연출할 수 있다.

① 백모에 반영구 염색을 하는 경우

- 영구적으로 유지되지는 않지만 원래의 자연 모발색에 영향을 미치지 않으면서 백모를 감추거나 부분적으로 조화시키려 할 경우(대부분의 반영구 염모제는 백모가 30% 미만일 경우를 대상으로 함)
- 영구적으로 유지되지는 않지만 원래의 자연 모발색에 영향을 미치지 않으면서 백모를 좋은 생태로 바꾸거나 부분적으로 조화 시키려 할 경우(색에 따라서는 백모의 양에 관계없이 염색이 가능함)

2) 영구 염모제

영구 염모제는 모표피(Cuticle)를 침투하여 모피질(Cortex) 안에 색소 분자를 침전시키도록 만들어졌다. 이러한 일련의 과정을 통해 영구적인 염색이 가능하다.

TIP **백모에 영구적 염색을 하는 경우?**

영구적인 백모의 커버를 원할 때 영구적 염색을 하게 된다.

3) 백모 염색 방법

① 주의 사항

- 정확한 백모 양 진단
- 충분한 작용시간과 도포량
- face line 부분과 백모가 많은 부분부터 도포

② 테크닉

- 사전연화 시술

  산화제 20vol 사용 도포(열처리 5~10분) → 세척(샴푸 + 컨디셔너)

③ 시술방법

- 사전연화

  사전연화는 모발에 산화제를 도포하여 염색이 잘되도록 큐티클을 팽윤 · 연화시켜주는 작용

  특히 저항성모/발수성모의 백모 커버력을 높이기 위해 사용하는 사전처리 방법

TIP **사전연화 방법**

산화제 6%(20vol) 사용 도포(열처리 5~10분) → 세척(샴푸 + 컨디셔너) → 100% 수분건조 → 희망컬러(1제 + 2제) 도포 → 35분~40분 방치

- 염모제의 제조

  기본색의 혼합은 백모 양만큼을 기준으로 함

  – 30%(백모) – 기본색(30) : 희망색(70)

  – 50%(백모) – 기본색(50) : 희망색(50)

  – 70%(백모) – 기본색(70) : 희망색(30)

- 시술 테크닉

  – 4등분으로 블로킹

  – 반드시 마른모발에서 염모제를 적용

  – 1cm 미만의 섹션을 줌

TIP **퇴색에 따른 기염부 연결**

퇴색이 심한 경우 : 모근부 도포 10~15분 후 연결

퇴색이 적은 경우 : 모근부 도포 15~20분 후 연결

퇴색이 거의 없는 경우 : 헹구기 5분 전 연결

- 액상화(에멀전 – 유화) 과정

  모발 색상의 균일성과 윤기를 갖기 위해 도포된 염모제로 두피와 모발을 에멀전 한다. 백모 염색에 있어서는 매우 중요한 과정으로 두피에 착색된 염료를 제거하는 복석으로 사용된다. 백모 염색은 명도가 낮은 염모제를 사용하기 때문에 염료가 다량 함유되어 있이 두피나 피부에 착색되는데 액상하 과정을 통해 이를 제거하게 된다.

- 샴푸 & 컨디셔너

  염색전용 샴푸와 컨디셔너를 사용하여 잔여 알칼리 성분을 제거하고 pH를 약산성으로 낮추어 모표피를 수렴시켜 컬러를 고정한다.

제2장 기초 실기편

BASIC HAIR COLOR PRO

1. 색 혼합

학습목표

- 색의 3속성에 대해 이해하고 2차색과 3차색을 만들 수 있다.
- 보색원리를 이용해 중화색상인 갈색을 만들 수 있다.
- 1차색을 혼합하여 갈색과 검정색을 만들 수 있다.

(1) 재료 준비

물감(Red, Yellow, Blue), 물통, 붓, 파레트, 티슈, 실습지

(2) 1차색, 2차색, 검정색 만들기

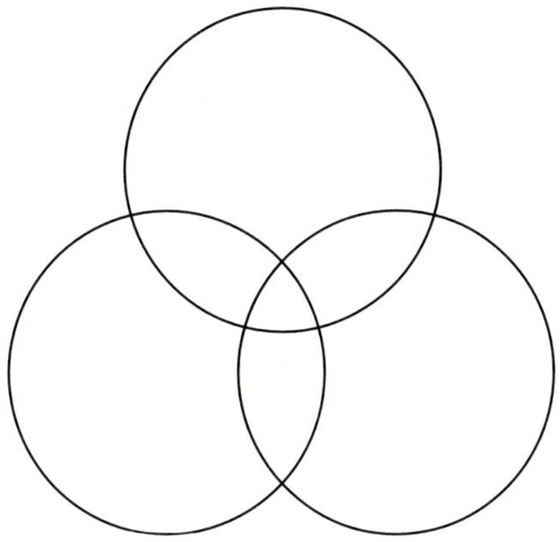

완성 샷

(3) 3차색 만들기

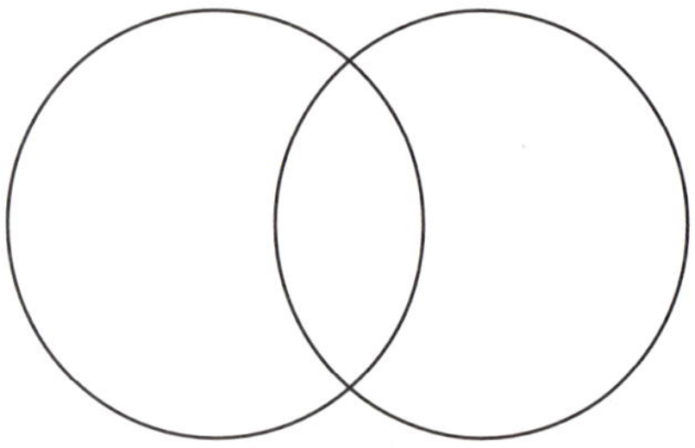

완성 샷 

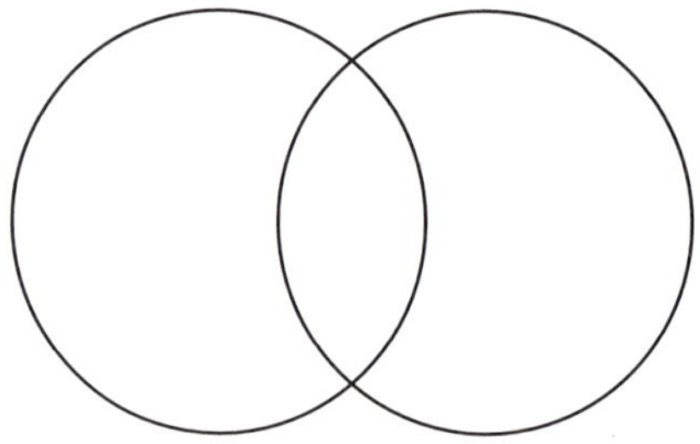

완성 샷 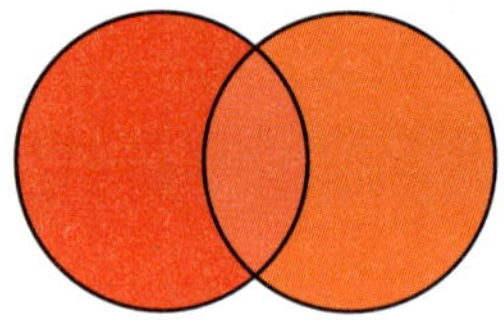

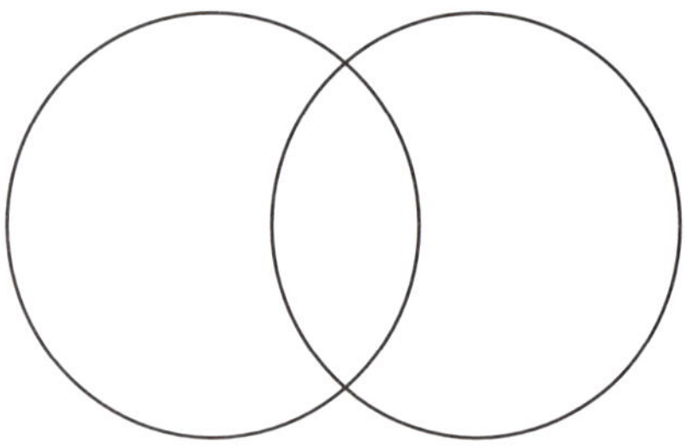

완성 샷 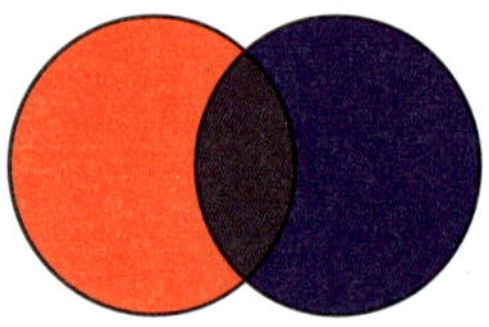

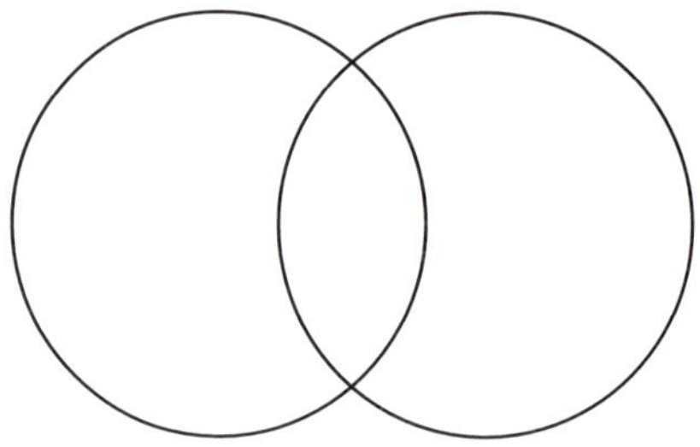

완성 샷 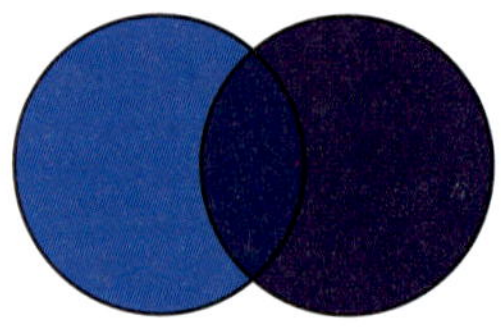

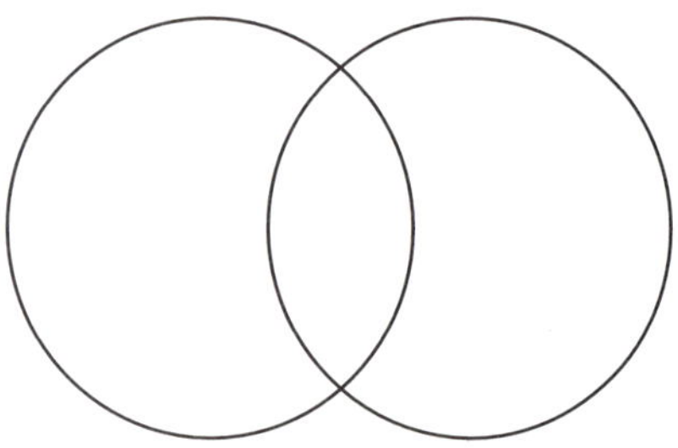

완성 샷 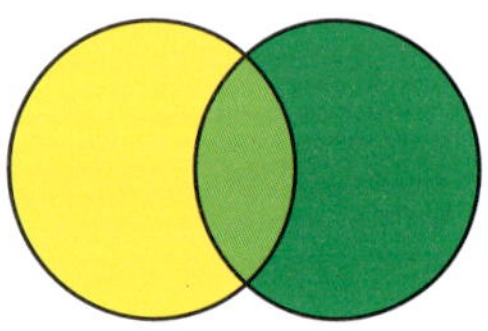

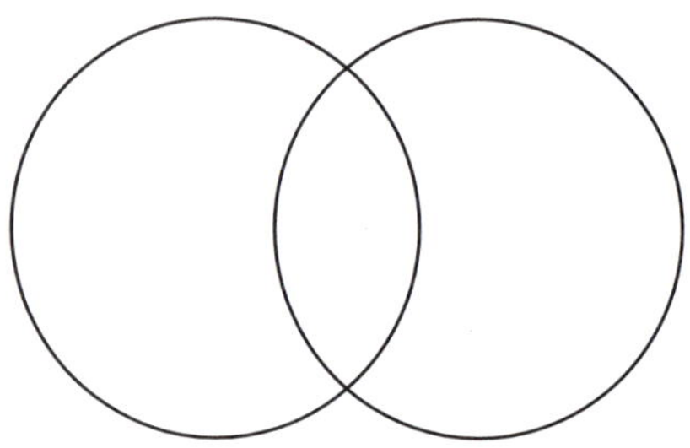

완성 샷 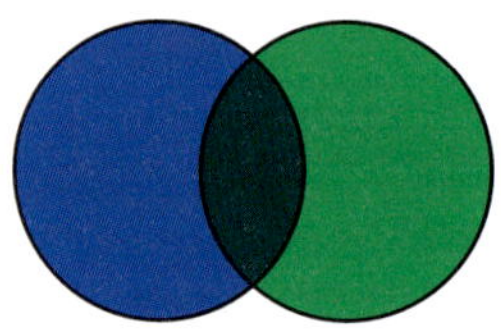

(4) 12 색상환 만들기

1차색이란 색의 혼합으로 만들어낼 수 없는 색상으로 Red, Yellow, Blue의 원색을 말한다. 1차색과 1차색을 혼합하여 2차 색상인 Orange, Green, Violet이 되며, 1차색과 2차색을 혼합하여 나온 색상인 Red–Orange, Yellow–Orange, Yellow–Green, Blue–Green, Blue–Violet, Red–Violet을 3차색이라 한다.

12 색상환 만들기

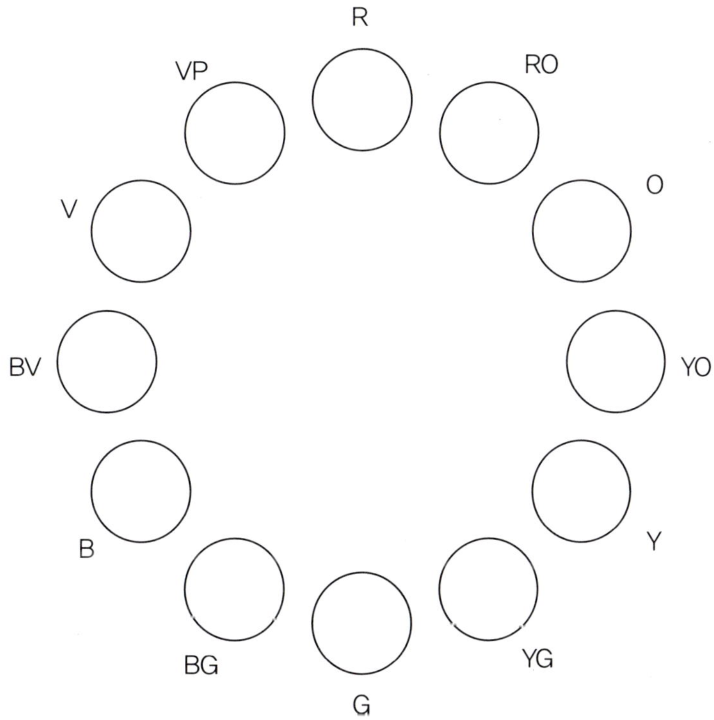

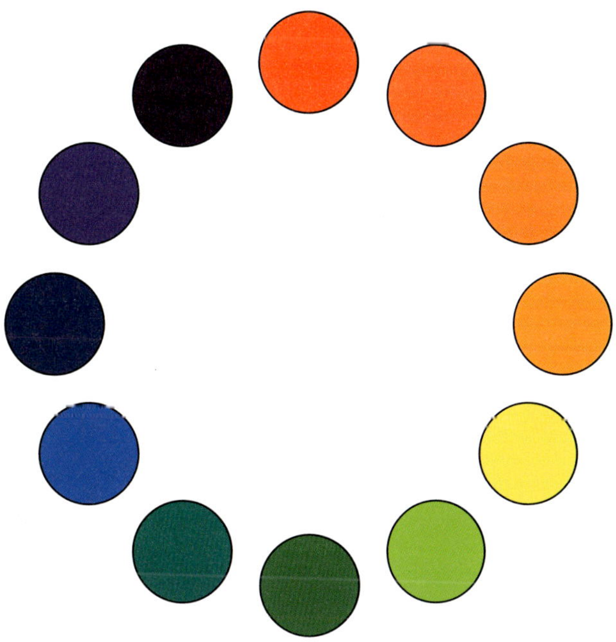

(5) 보색 색상 만들기

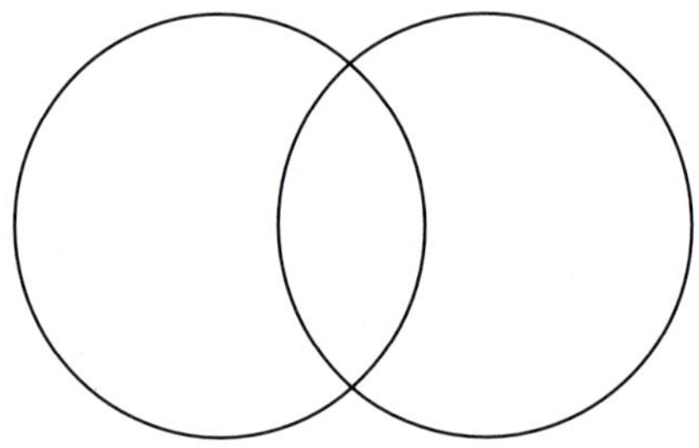

완성 샷

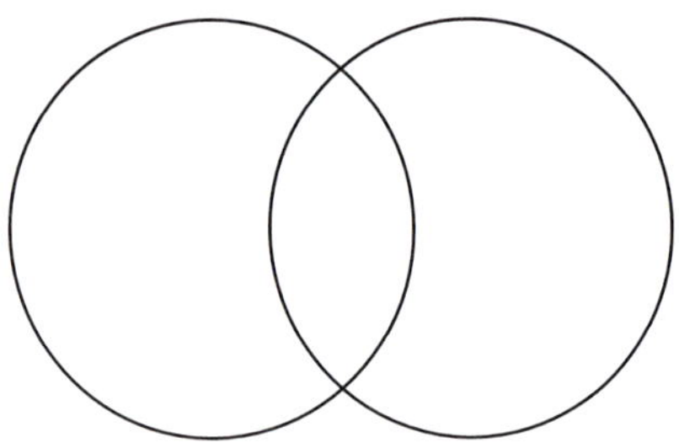

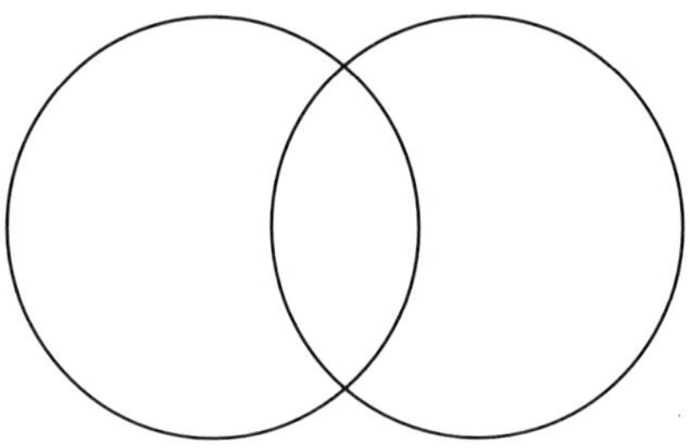

완성 샷

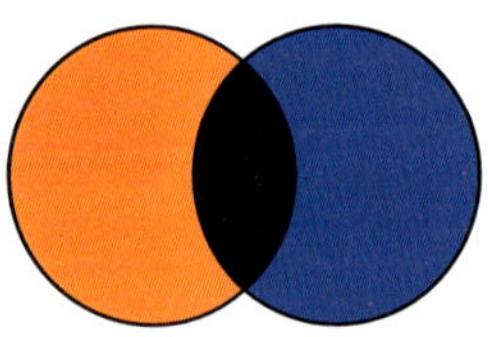

완성 샷

(6) 갈색, 검정색 만들기

3원색 Red, Yellow, Blue를 이용하여 갈색과 검정색을 만든다.

완성 샷

갈색 = Y : R : B
3 : 2 : 1

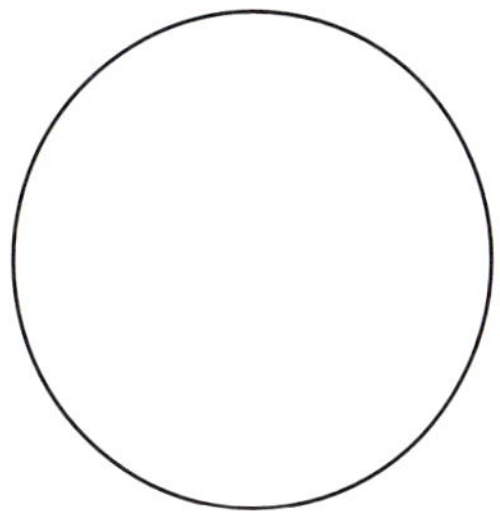

완성 샷

검정색 = Y : R : B
1 : 1 : 1

(7) 피스를 활용한 12 색상환 만들기

학습목표

- 반영구 염모제를 사용 1차 색상과 2차, 3차 색상을 조색하여 연출할 수 있다.

1) 재료 준비

반영구 염모제(Red, Yellow, Blue), 염색붓, 염색볼, 꼬리빗, 10레벨 피스, 호일, 장갑, 수건, 샴푸, 컨디셔너, 드라이기

2) 실습 방법

1. 10레벨 피스를 약 2cm 폭으로 잘라 3개를 준비하고 호일 위에 놓는다.
Red, Yellow, Blue 반영구 염모제를 5g씩 염색볼에 담아 준비한다.

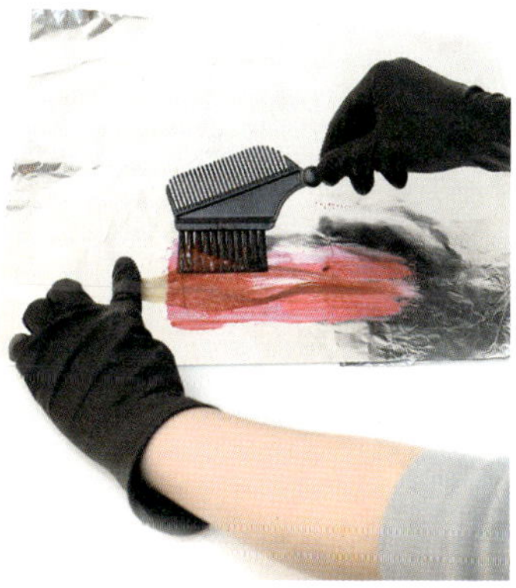

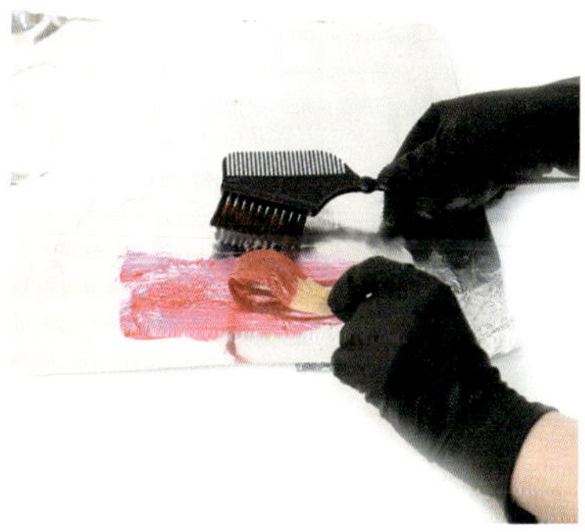

2. 염색붓에 적당량의 반영구 Red 컬러를 묻혀 45° 각도로 도포한다.

3. 모발 사이 넓게 펼쳐 도포한다.

4. 피스를 뒤집어서 재도포한다.

5. 동일한 방법으로 Yellow, Blue를 도포한다.

6. O = R : Y　　G = Y : B　　V = R : B
　　1 : 2　　　2 : 1　　　2 : 1
위와 같은 비율로 조합하여 2차 색상인 O, G, V을 도포한다.

7. RO = R : O　　YO = Y : O　　YG = Y : G
　　1 : 1　　　1 : 1　　　1 : 1
BG = B : G　　BV = B : V　　RV = R : V
　　1 : 1　　　1 : 1　　　1 : 1
위와 같은 비율로 조합하여 3차 색상인 RO, YO, YG, BG, BP, RP를 도포한다.

3) 실습 결과

1차색

2차색

3차색

12 색상환

(8) 피스를 활용한 보색중화

학습목표

- 헤어 컬러 피스의 염색 색상을 중화하는 염모제의 색을 결정할 수 있다.
- 염모제를 도포하고 처리 시간을 결정할 수 있다.
- 보색의 중화 결과인 갈색을 확인할 수 있다.

보색이란 색상환(Color wheel) 안에서 서로 반대되게 위치해 있는 어느 두 가지 색을 말한다. 이들 둘을 혼합하면 이들은 서로 중화시키는 작용을 한다.

1) 재료 준비

반영구 염모제(Red, Yellow, Blue), 염색붓, 염색볼, 꼬리빗, 10레벨 피스, 호일, 장갑, 수건, 샴푸, 컨디셔너, 드라이기

2) 실습 방법

① Red 색상의 보색 만들기

10레벨 피스에 Red 반영구 염모제를 도포한 뒤 3cm 간격을 띄우고 바로 Green 색상을 도포한다.
5분 열처리 5분 자연 방치 후 샴푸 컨디셔너하여 드라이한다.

② Yellow 색상의 보색 만들기

10레벨 피스에 Yellow 반영구 염모제를 도포한 뒤 3cm 간격을 띄우고 바로 Violet 색상을 도포한다.
5분 열처리 5분 자연 방치 후 샴푸 컨디셔너하여 드라이한다.

③ Blue 색상의 보색 만들기

10레벨 피스에 Blue 반영구 염모제를 도포한 뒤 3cm 간격을 띄우고 바로 Orange 색상을 도포한다.
5분 열처리 5분 자연 방치 후 샴푸 컨디셔너하여 드라이한다.

3) 실습 결과

2. 산화제 농도에 따른 명도 변화

학습목표

- 헤어피스에 탈색(블리치)제를 도포할 수 있다.
- 산화제 농도에 따라 명도 변화를 확인할 수 있다.

(1) 재료 준비

탈색제, 산화제(3%, 6%, 9%), 염색붓, 염색볼, 꼬리빗, 4레벨 피스, 호일, 장갑, 수건, 샴푸, 컨디셔너, 전자저울, 드라이기

(2) 실습 방법

1. 3개의 4레벨 피스를 준비한다.

2. 탈색제에 산화제 3%, 6%, 9%를 각각 1 : 2 비율로 섞은 뒤 동시에 모발에 도포한다.

3. 30분 자연방치 한 뒤 샴푸하여 색상을 확인한다.

(3) 실습 결과

3% 6% 9%

3. 10레벨 자연모 레벨 스케일 만들기

학습목표

- 헤어피스에 탈색(블리치)제를 도포할 수 있다.
- 자연모 명도에 따라 처리 시간을 결정할 수 있다.
- 자연모 명도에 따라 10레벨 자연모 레벨을 만들 수 있다.
- 고객의 모발 색과 희망색의 명도(레벨)를 분석하여 고객컬러차트를 작성할 수 있다.

(1) 재료 준비

탈색제, 산화제6%, 염색붓, 염색볼, 꼬리빗, 4레벨 피스, 호일, 장갑, 수건, 샴푸, 컨디셔너, 전자저울, 드라이기

(2) 실습 방법

1. 4레벨 피스를 가로 2cm폭으로 잘라 10개를 준비한다.

2. 탈색제와 산화제 6%를 1 : 2 비율로 혼합하여 모근부에서 3cm 띄우고 도포한다.
피스를 반대로 돌려 모발 사이사이 꼼꼼히 도포한다.

3. 9개 피스에 전체 탈색제를 도포한 뒤 호일로 공기와 차단하여 골고루 열처리 한다.

4. 시간 간격을 두고 색상을 확인하여 원하는 레벨이 나왔을 경우 샴푸한다.

(3) 실습 결과

TIP

명도별 과산화수소 농도, 1제와 2제 비율, 방치시간을 체크하여 작성한다.

4. 명도에 따른 반영구 염모제 도포

학습목표

- 반영구 염모제 도포 시 모발 명도에 따른 다양한 색상을 확인할 수 있다.

(1) 재료 준비

반영구 염모제(Red, Yellow, Blue), 염색붓, 염색볼, 꼬리빗, 피스 6세트(5, 6, 7, 8, 9레벨), 호일, 장갑, 수건, 샴푸, 컨디셔너, 전자저울, 드라이기

(2) 실습 방법

1. 5, 6, 7, 8, 9레벨 피스를 준비한다.

2. 반영구 염모제 Red, Yellow, Blue를 이용하여 1차색을 도포한다.

3. 반영구 염모제 1차색과 1차색을 섞어 2차색인 Orange, Green, Violet을 도포한다.

(3) 실습 결과

1) 1차색 Red, Yellow, Blue

Red　　Yellow　　Blue

2) 2차색 Orange, Green, Violet

Orange　　Green　　Violet

5. 명도에 따른 영구 염모제 도포

학습목표

- 영구 염모제 도포 시 모발 명도에 따른 색상변화를 확인할 수 있다.

(1) 재료 준비

염모제(8/45, 8/3, 8/88), 산화제 6%, 염색붓, 염색볼, 꼬리빗, 피스6세트(5, 6, 7, 8, 9레벨), 호일, 장갑, 수건, 샴푸, 컨디셔너, 전자저울, 드라이기

(2) 실습 방법

1. 5, 6, 7, 8, 9레벨 피스를 준비한다.

2. 염모제 Red, Yellow, Blue 색을 띠는 8/44, 8/3, 8/88을 산화제 6%와 1 : 1 비율로 섞어 1차색을 도포한다.

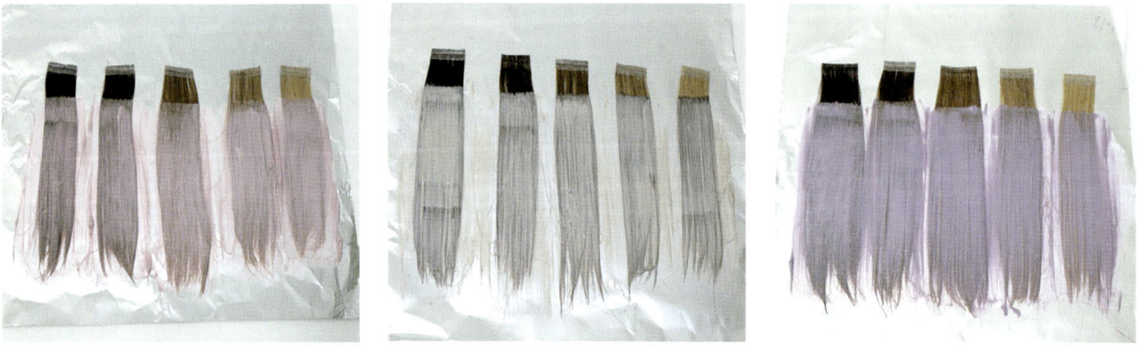

3. 염모제 1차색과 1차색을 섞어 2차색인 Orange, Green, Violet을 도포한다.

4. 30분 자연방치 후 샴푸 한다.

(3) 실습 결과

1) 1차색 Red, Yellow, Blue

Red Yellow Blue

2) 2차색 Orange, Green, Violet

Orange Green Violet

6. 반영구 염모제를 활용한 파스텔 색상 만들기

학습목표

- 반영구 염모제 클리어를 활용하여 색상의 채도를 조절할 수 있다.

(1) 재료 준비

반영구 염모제(Red, Yellow, Blue, 클리어), 염색붓, 염색볼, 샴푸, 컨디셔너, 호일, 10레벨 피스, 장갑, 드라이기, 수건

(2) 실습 방법

1) Red와 Blue 사이 파스텔 색상 만들기

1. 다량의 클리어에 소량 Red를 혼합하여 도포한다.
2. 다량의 클리어에 Red와 Blue를 소량 2 : 1로 혼합하여 도포한다.
3. 다량의 클리어에 Red와 Blue를 소량 1 : 1로 혼합하여 도포한다.
4. 다량의 클리어에 Red와 Blue를 소량 1 : 2로 혼합하여 도포한다.
5. 다량의 클리어에 소량 Blue를 혼합하여 도포한다.

2) Blue와 Yellow 사이 파스텔 색상 만들기

1. 다량의 클리어에 소량 Blue를 혼합하여 도포한다.
2. 다량의 클리어에 Blue와 Yellow를 소량 2 : 1로 혼합하여 도포한다.
3. 다량의 클리어에 Blue와 Yellow를 소량 1 : 1로 혼합하여 도포한다.
4. 다량의 클리어에 Blue와 Yellow를 소량 1 : 2로 혼합하여 도포한다.
5. 다량의 클리어에 소량 Yellow를 혼합하여 도포한다.

3) Yellow와 Red 사이 파스텔 색상 만들기

1. 다량의 클리어에 소량 Yellow를 혼합하여 도포한다.
2. 다량의 클리어에 Yellow와 Red를 소량 2 : 1로 혼합하여 도포한다.
3. 다량의 클리어에 Yellow와 Red를 소량 1 : 1로 혼합하여 도포한다.
4. 다량의 클리어에 Yellow와 Red를 소량 1 : 2로 혼합하여 도포한다.
5. 다량의 클리어에 소량 Red를 혼합하여 도포한다.

(3) 실습 결과

7. 패치 테스트 & 스트랜드 테스트

학습목표

- 올바른 패치 테스트 방법을 시행할 수 있다.
- 올바른 스트랜드 테스트 방법을 시행할 수 있다.

(1) 패치 테스트

1) 재료 준비

염모제, 산화제 6%, 염색붓, 염색볼, 밴드

2) 실습 방법

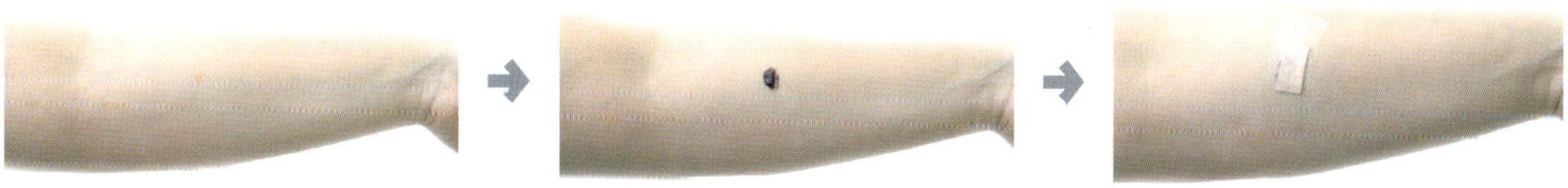

1. 사용할 염모제와 산화제를 1 : 1로 섞어 팔 안쪽에 50원짜리 동전 크기만큼 바른다.
2. 다른 물질이 들어가지 않도록 방수밴드를 붙인다.
3. 24~48시간 후 깨끗이 닦아내어 알레르기 유무를 확인한다.

3) 실습 결과

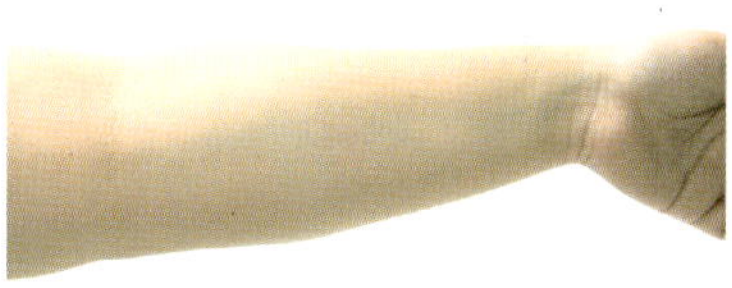

알레르기가 일어나지 않은 경우

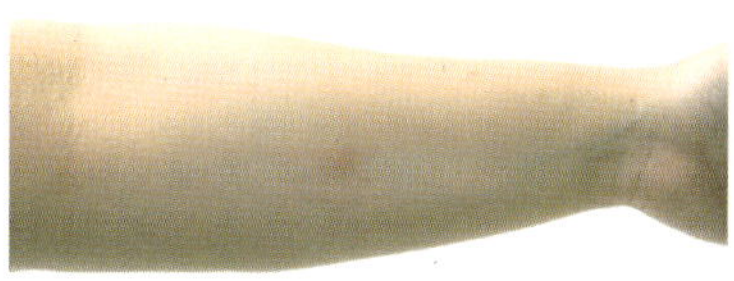

알레르기가 일어난 경우

(2) 스트랜드 테스트

1) 재료 준비

염모제, 탈색제, 산화제6%, 염색붓, 염색볼, 수건, 전자저울, 장갑, 드라이기

2) 실습 방법

1. 백 부분의 모발을 5mm의 두께로 테스트 부위를 선정한다.
2. 염 · 탈색제를 1제와 2제를 혼합 비율(염모제 1 : 3 또는 탈색제 1 : 2)에 맞도록 준비한다.
3. 1번의 모발에 준비된 2번의 테스트 제품을 도포한다.

4. 테스트 부분을 호일이나 랩을 이용하여 테스트를 하지 않는 부분에 약제가 닿지 않도록 하며 염 · 탈색제를 도포한다.
5. 시술과 동일한 환경에서 일정한 시간을 방치한다.
6. 방치 시간이 끝나면 테스트 부분을 감싸고 있는 호일이나 랩을 제거 한다.
7. 물분무기나 젖은 타월을 이용하여 약제를 제거 한다.
8. 드라이기기를 이용하여 테스트 부분을 건조한다.
9. 스트랜드 테스트 결과를 확인한다.

8. 원 터치(One Touch) 도포법

학습목표

- 고객의 의복, 피부 등에 염모제가 묻지 않도록 가운, 어깨보 등을 착용해 줄 수 있다.
- 헤어 컬러를 서비스하기 위한 도구 및 재료를 준비할 수 있다.
- 올바른 원 터치 도포법을 시행할 수 있다.

1) 재료 준비

염모제, 산화제 6%, 염색붓, 염색볼, 꼬리빗, 가발, 장갑, 수건, 샴푸, 컨디셔너, 전자저울, 드라이기, 핀셋

(1) 긴 머리 도포법

1) 실습 방법

① 블로킹 : 4등분

1. 네이프부터 2cm 간격으로 가로섹션을 나눈다.

2. 브러시 각도는 모근부로 갈수록 90°, 길이로 갈수록 0°로 모발 전체에 고르게 도포한다.
3. 모발 뒷쪽까지 꼼꼼히 도포한다.

4. 뭉친 약액이 없도록 가벼운 빗질과 핸들링으로 골고루 퍼뜨려준다.

5. 같은 도포기법으로 2cm 간격의 섹션으로 도포하며 Ear Line부분도 체크한다.

7. 탑 부분까지 동일한 방법으로 후두부 도포를 마무리한다.

8. 사이드 부분도 2cm 간격으로 모근 부분부터 도포한 뒤 모발 전체에 도포한다.

9. 피봇섹션으로 크로스 체크를 한뒤 사이드 헤어라인 부분을 다시 정리하여 도포한다.

2) 실습 결과

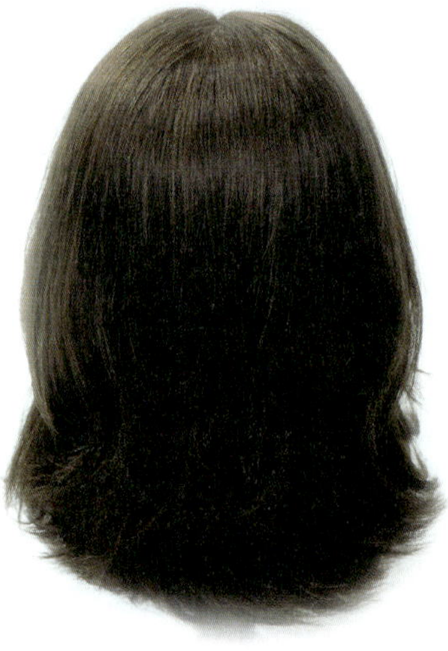

(2) 짧은 머리 도포법

1) 실습 방법

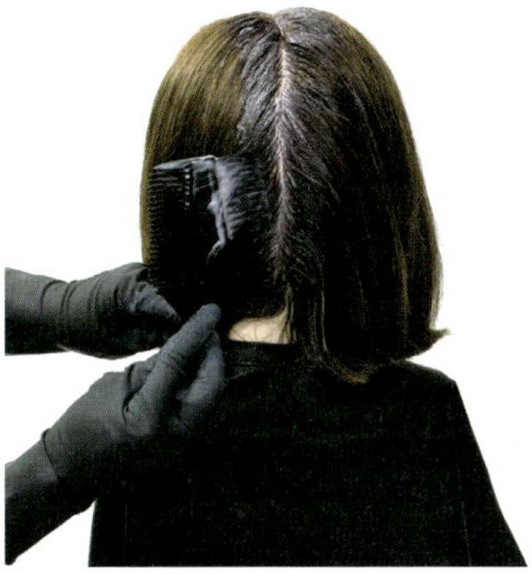

1. C.P~N.P 까지, Ear to Ear 파팅을 나누어 파팅선 모근 부분에 염모제를 도포한다.

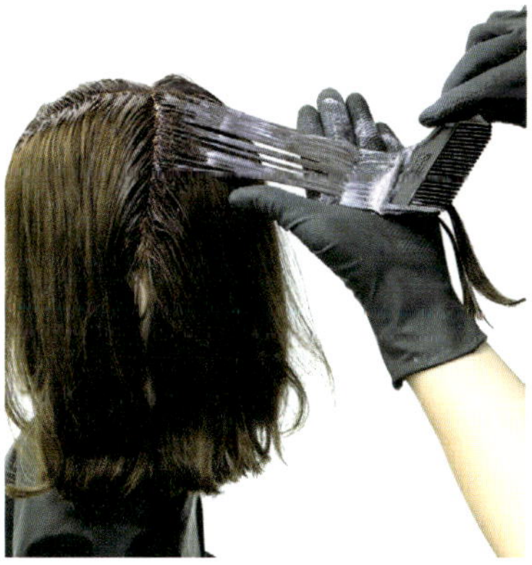

2. 탑 부분부터 브러시 각도는 모근부로 갈수록 90˚, 길이로 갈수록 0˚로 적당량의 염모제를 도포한다.

3. 사선섹션, 2cm 섹션 간격을 유지하면서 염모제를 도포한 뒤 앞쪽으로 넘겨 놓는다.
이때 모발이 얼굴에 닿지 않도록 유의한다.
섹션이 넓을 경우 두가닥으로 나누어 도포한다.

4. 네이프 까지 내려가면서 도포하고 네이프 라인과 이어라인 부분도 체크하여 도포한다.

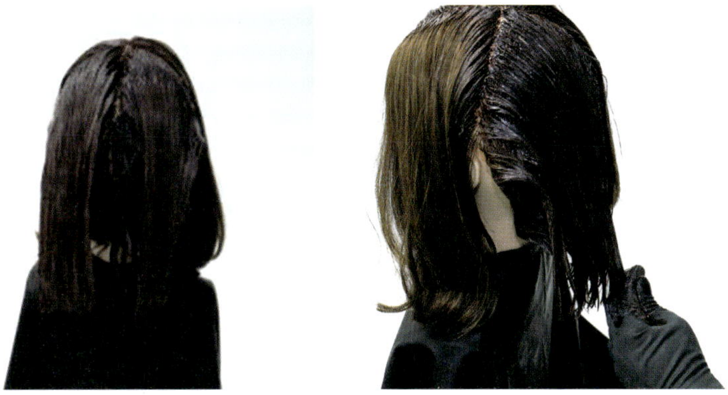

5. 한쪽 면을 도포 후 모발을 아래로 내려 놓는다. 반대쪽 백부분도 동일하게 염모제를 도포한다.

6. 사이드 부분은 버티컬 섹션, 후두부 방향으로 모발을 잡고 염모제를 도포한다.
모발양이 많을 경우 모발을 나누어 도포하고 얼굴 뒷방향으로 내려 놓는다.

7. 반대쪽 사이드도 동일하게 도포하여 얼굴 뒷방향으로 모발을 내려 놓는다.

8. 가로 섹션으로 모발을 들어 크로스 체크하여 과다도포된 부분은 걷어내고 미도포된 부분은 재도포 한다.

9. 30~35분 자연방치 하고 테스트를 본 후 샴푸한다.

2) 실습 결과

9. 투 터치(Two Touch) 도포법

학습목표

- 모발 상태에 따라 염모제 도포를 위한 블로킹과 슬라이스를 할 수 있다.
- 원 터치 및 투 터치 방법으로 염모제를 도포할 수 있다.

밝은 색상의 염모제를 사용할 경우 두피 온도에 의해 모근부위가 더 밝게 나오는 현상이 나타날 수 있다. 따라서 투 터치 기법은 염모제 도포의 시간차를 이용하여 모발의 전체 색상이 균일하게 나올 수 있도록 염모제를 도포하는 기법이다.

(1) 재료 준비

염모제(8레벨 이상), 산화제6%, 염색붓, 염색볼, 꼬리빗, 가발, 장갑, 수건, 샴푸, 컨디셔너, 전자저울, 드라이기

(2) 실습 방법

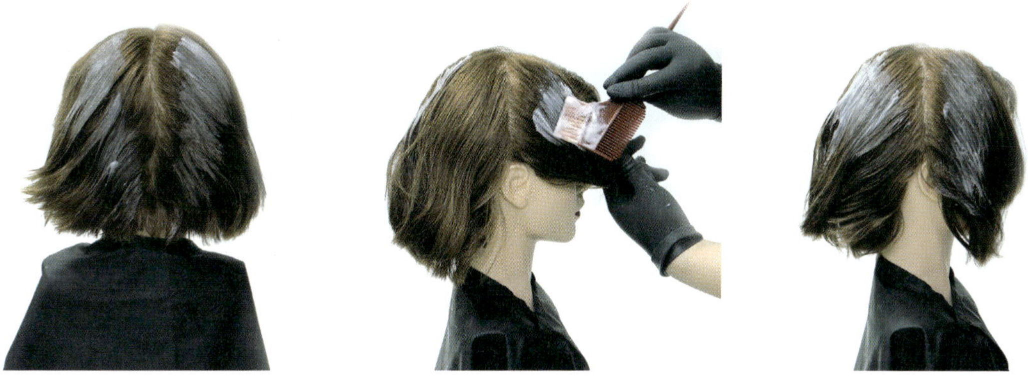

1. C.P~N.P 까지, Ear to Ear 파팅을 나누어 모근 부분에서 2cm가량 띄우고 염모제를 도포하여 블로킹을 나눈다.

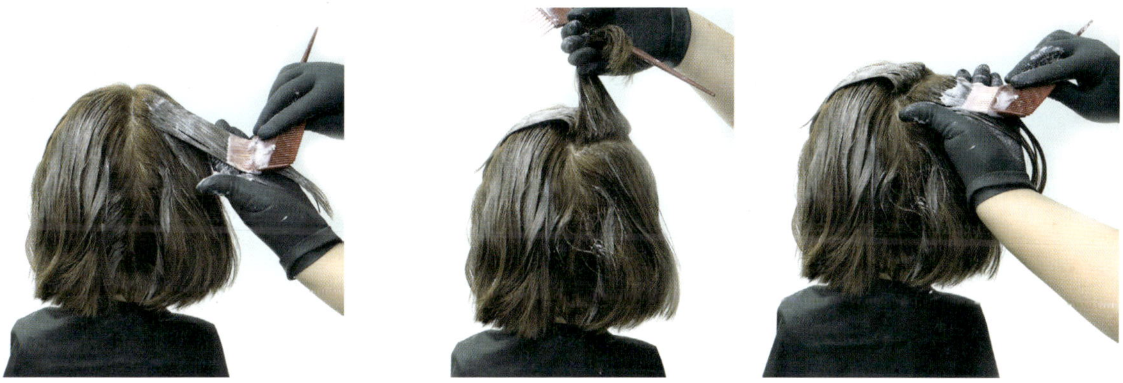

2. 탑에서 네이프 방향으로 염모제를 도포한다.
사선섹션을 나누고 모근에서부터 2cm 띄우고 염모제를 도포한 뒤 다 도포한 모발은 얼굴 앞 방향으로 내려 놓는다.

3. 섹션 간격 2cm 간격으로 모근에서 2cm 띄우고 염모제를 도포한다.

4. 반대쪽 Back부분도 동일하게 도포한 뒤 모발을 아래로 내려 놓는다.

5. 사이드 부분은 수평섹션, 탑 부분부터 염모제를 도포하여 도포된 모발은 반대방향으로 올려 놓고 아래 섹션을 도포한다. 전체 도포 후 모발을 아래로 내려 놓는다. 반대 사이드도 동일하게 진행한다. 10~15분 자연방치한다.

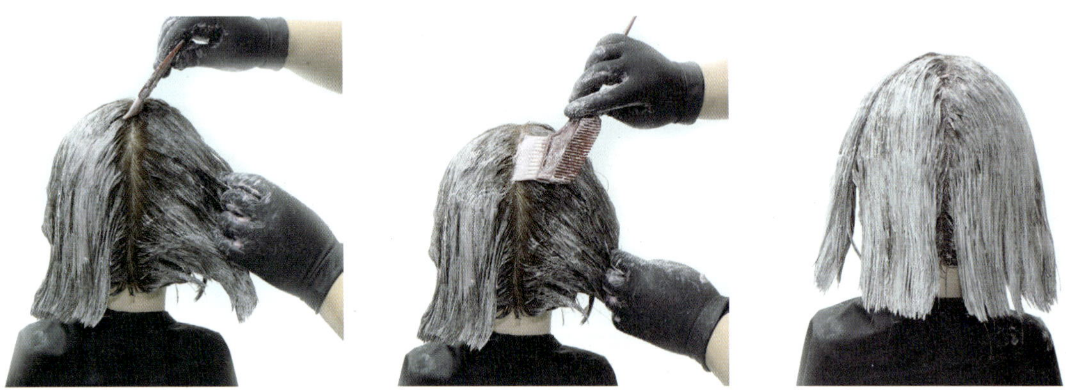

6. 블로킹 파팅선 모근부위부터 염모제를 도포한 뒤 염모제를 도포했던 동일한 섹션과 순서로 모근부위에 염모제를 도포한다.

7. 전체 모근 부분에 염모제를 도포 후 모발을 내려 놓고 도포했던 섹션과 반대 방향으로 크로스체크하여 염모제가 발리지 않은 부분까지 꼼꼼히 마무리한다.

8. 20~25분 자연방치하고 테스트를 본 후 샴푸 한다.

(3) 실습 결과

10. 에멀전 & 염색샴푸

학습목표

- 에멀전과 전후 처리제의 이해를 통하여 적용할 수 있다.
- 염색 후 모발과 두피에 맞는 마무리 샴푸와 트리트먼트를 선정할 수 있다.
- 염모제를 제거하기 위한 마무리 샴푸를 할 수 있다.

(1) 재료 준비

샴푸대, 장갑, 수건, 샴푸, 컨디셔너, 드라이기

(2) 실습 방법

1. 물온도를 체크한 뒤 헤어라인 부분에 물을 도포한다.

2. 헤어라인부터 두피 전체를 지두를 이용하여 원을 그리듯 롤링하여 에멀전 한다.

3. 모발 끝까지 에멀전하여 염모제가 고르게 도포될 수 있도록 한다.

4. 헤어라인부터 시작하여 염모제를 깨끗하게 씻어낸다.

5. 반대쪽 사이드와 네이프, 두정부 부위도 흐르는 물에 깨끗하게 염모제를 씻어낸다.

6. 500원짜리 동전크기만하에 샴푸를 모발 전체에 도포하여 충분한 거품을 낸다.

7. 지그재그 기법, 교차시키기, 나선형 굴리기 기법을 적용하여 마사지 한다.

8. 두정부과 모발 끝까지 샴푸한 뒤 흐르는 물에 헹군다.

9. 트리트먼트를 모발 끝에 도포하고 남은 트리트먼트를 모근 가까이 도포한다.

10. 물로 헹군뒤 헤어라인, 귀, 네이프라인을 다시 한번 닦아주며 마무리 한다.

11. 신생모 도포법

학습목표

- 신생모 염색 상담과 작업 준비를 할 수 있다.
- 일치성 유무를 판단하여 신생모 염색 작업 방법을 설명하고 제안할 수 있다.
- 기염모와 자연스럽게 연결하여 염색 할 수 있다.

새로운 모발이 2~3cm 자라나왔을 때 기염모와 동일한 색상으로 연결하는 것을 염색기법을 말한다.

(1) 재료 준비

염모제(8레벨 이상), 산화제 6%, 염색붓, 염색볼, 꼬리빗, 가발, 장갑, 수건, 샴푸, 컨디셔너, 전자저울, 드라이기

1) 시술 전

(2) 실습 방법

1. C.P~N.P 까지, Ear to Ear 파팅을 나누어 신생모 부분에 염모제를 도포하여 블로킹을 나눈다.

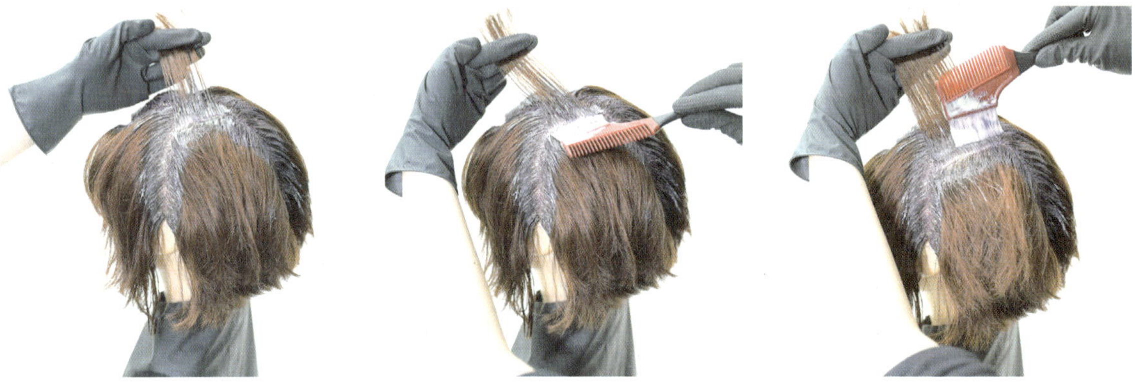

2. Back부분은 사선섹션으로 나누어 신생모 부분에 염모제를 앞뒤로 도포한다.

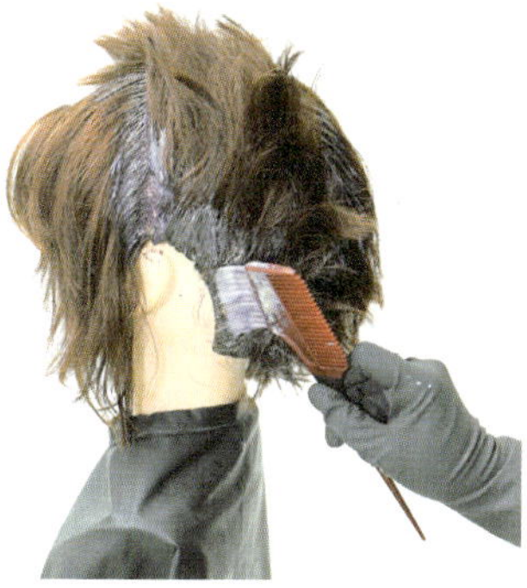

3. 동일한 방법으로 네이프까지 진행하여 도포하고 Ear Line과 Nape Line도 체크하여 도포한다.

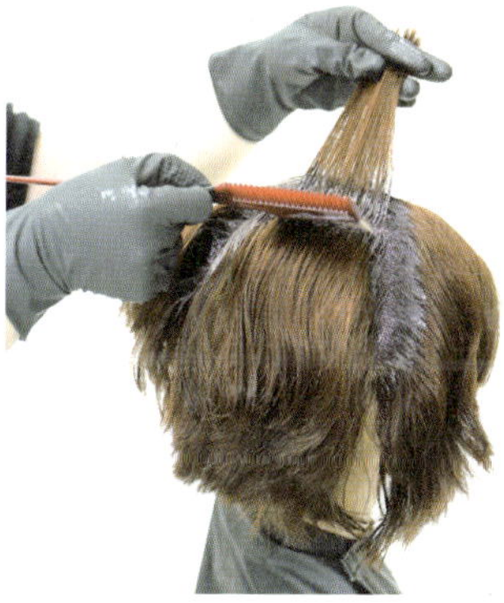

4. 오른쪽 Back 부분도 동일하게 도포한다.

5. 사이드 부분도 탑부터 신생모 부분을 도포하며 네이프로 내려가면서 도포한다.

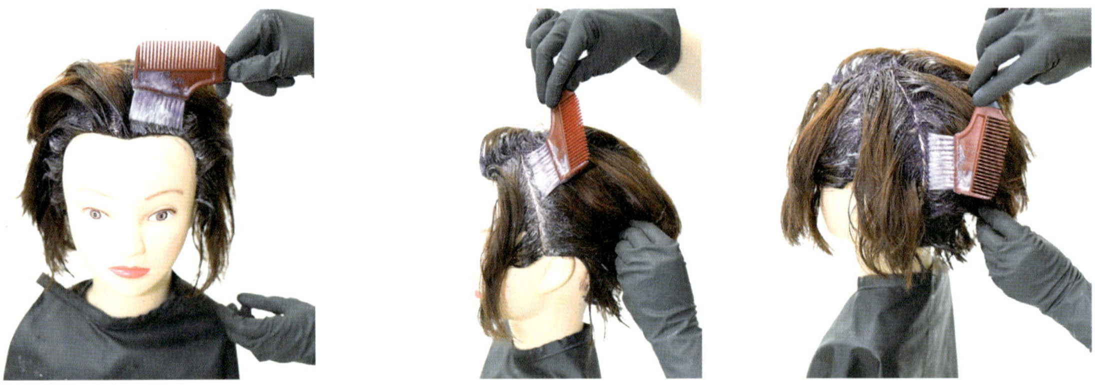

6. 헤어라인 부분을 도포하고 기존 섹션과 반대로 버티컬 섹션을 나누어 크로스 체크 한다.

7. 35분에서 40분 자연방치 하고 테스트를 본 후 샴푸 한다.

(3) 실습 결과

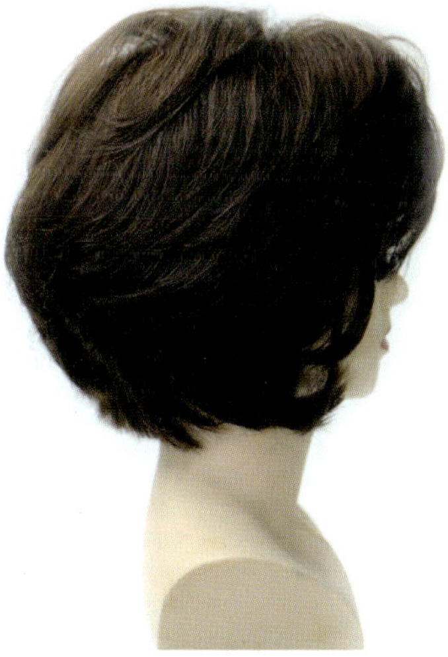

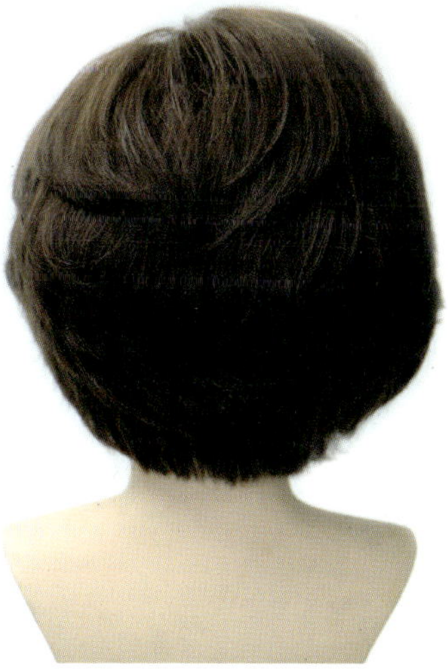

12. 기본 블리치(Deep Cleansing)

학습목표

- 기본 블리치의 목적을 이해하고 작업할 수 있다.

(1) 재료 준비

탈색제, 산화제 6%(20 vol), 염색붓, 염색볼, 꼬리빗, 가발, 호일, 장갑, 수건, 샴푸, 컨디셔너, 전자저울, 드라이기

1) 시술 전

(2) 실습 방법

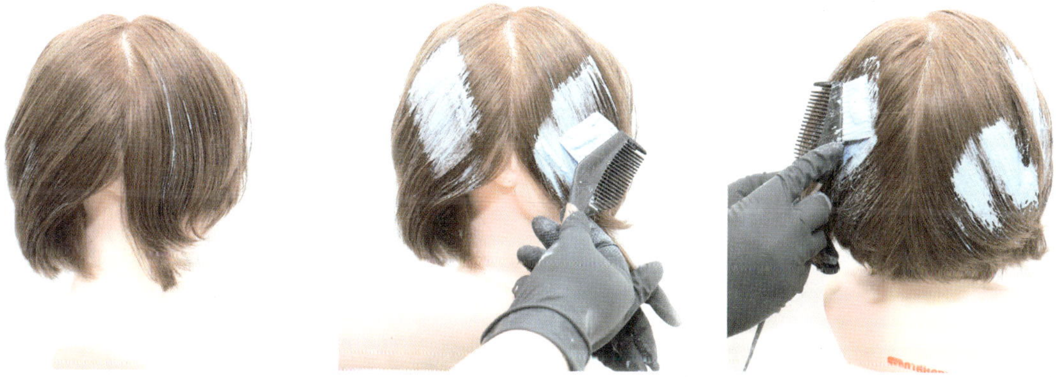

1. 탈색제와 산화제를 1:2로 혼합한다.

2. 미디움 이하 기장은 핀셋을 사용하지 않고 약액을 이용하여 블로킹한다.

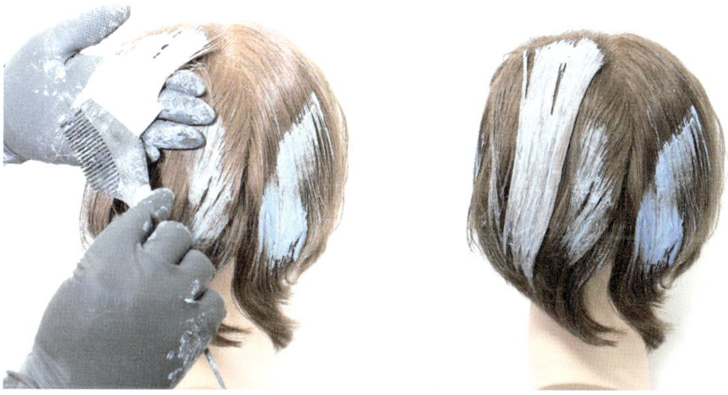

3. 수평 섹션, 2cm 간격으로 탑에서 네이프 방향으로 도포한다.

4. 모근에서 1.5~2cm 띄우고 탈색제를 도포한다.
5. 사이드 부분도 동일하게 도포한다.

6. 15~20분 방치 후 모근 부위를 도포한다. 이때 탈색제가 두피에 닿지 않도록 유의한다.

7. 10분 추가 방치 후 색이 잘 나왔는지 테스트 한 후 샴푸한다.

(3) 실습 결과

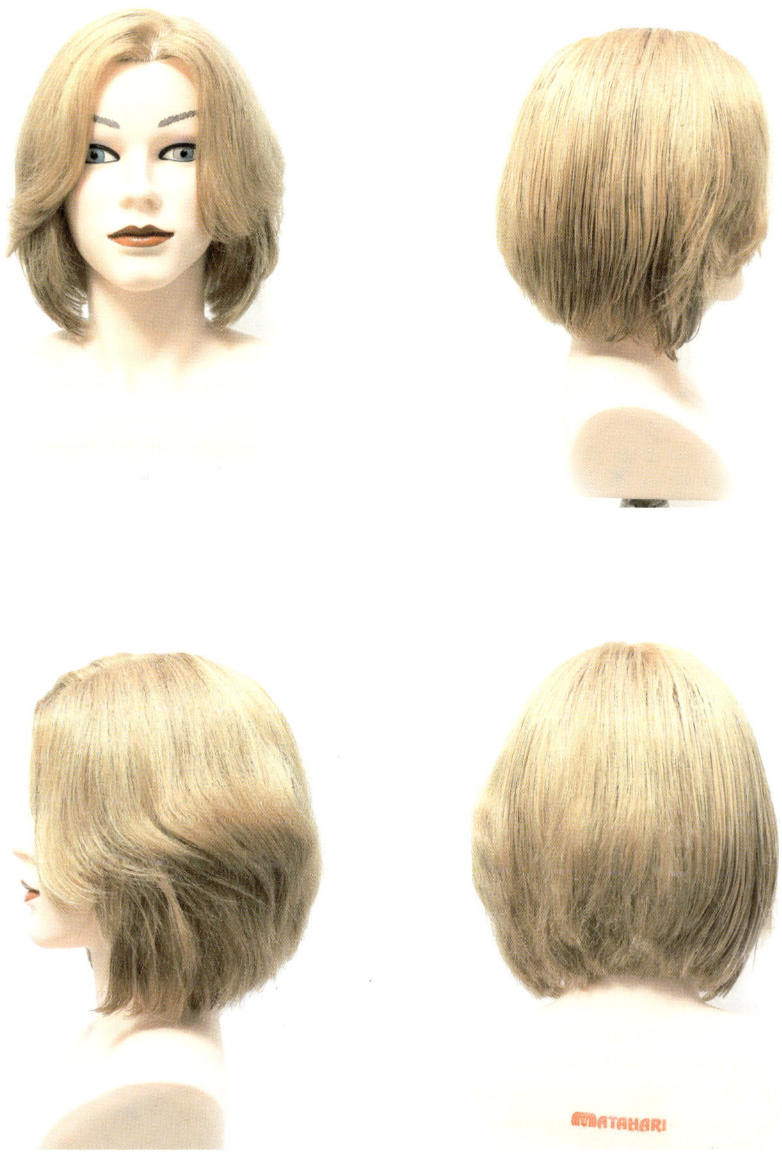

13. 샴푸 블리치(Cleansing)

학습목표

- 샴푸 블리치의 목적을 이해하고 작업할 수 있다.
- 적당한 비율로 샴푸 블리치를 조제하여 기존 색소를 제거할 수 있다.

(1) 재료 준비

탈색제, 산화제 6%(20vol), 염색붓, 염색볼, 온수, 가발, 장갑, 수건, 샴푸, 전자저울, 드라이기

(2) 실습 방법

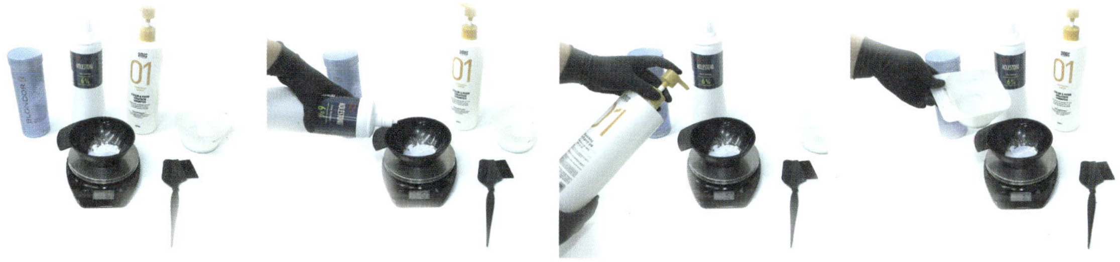

1. 탈색제 : 산화제 6% : 샴푸 : 온수 = 1 : 1 : 1 : 1 비율로 혼합한다.

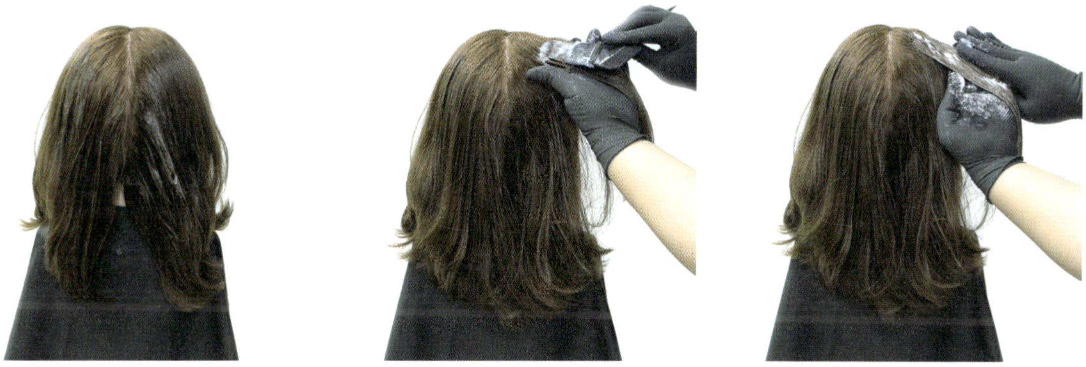

2. 4등분을 나눈 뒤 탑부분의 모발부터 모근에서 2cm 띄우고 브러시로 샴푸 블리치를 도포한 후 핸들링 한다.

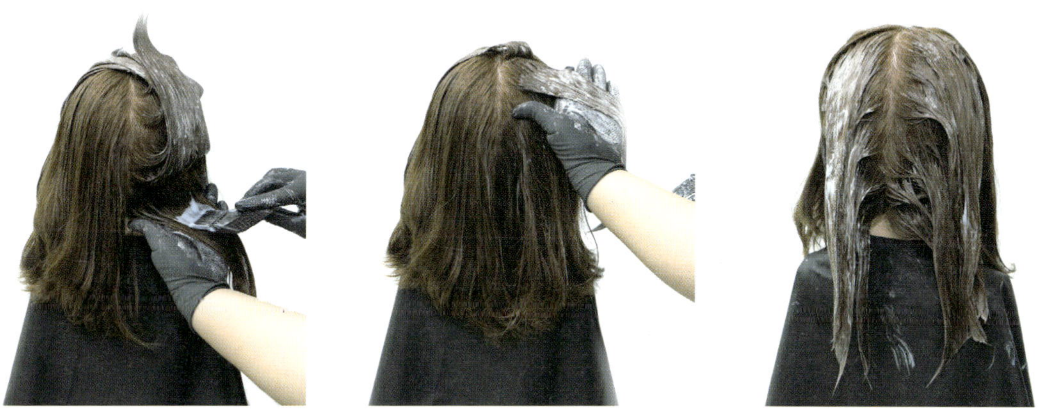

3. 네이프로 내려가면서 동일한 방법으로 도포하며 백부분과 사이드 부분도 동일하게 도포한다.

(3) 실습 결과

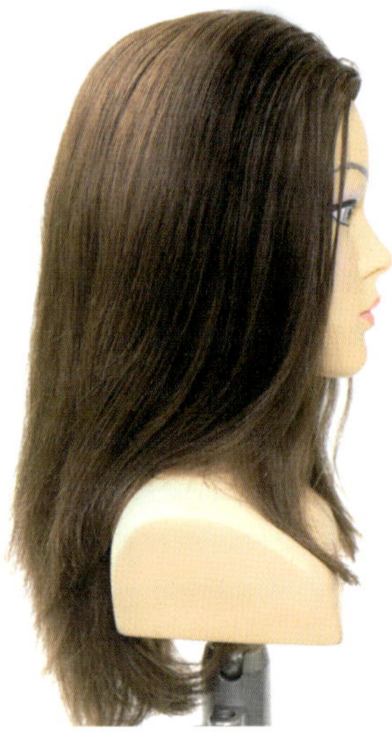

14. 톤 다운 염색

학습목표

- 톤 다운 염색의 목적을 이해하고 작업할 수 있다.
- 고명도의 모발을 보충색을 염모제에 추가 조제하여 저명도로 톤 다운 할 수 있다.

(1) 재료 준비

염모제, 네이처 컨트롤(7/00),산화제 6%(20vol), 염색붓, 염색볼, 꼬리빗, 가발, 장갑, 수건, 샴푸, 컨디셔너, 전자저울, 드라이기

(2) 실습 방법

1. 희망색 염모제를 50g + 희망 색 보다 1단계 낮은 보충색(네이처컨트롤/필러) 50g + 산화제 100g 혼합 (1 : 1 : 2)하여 사용한다.

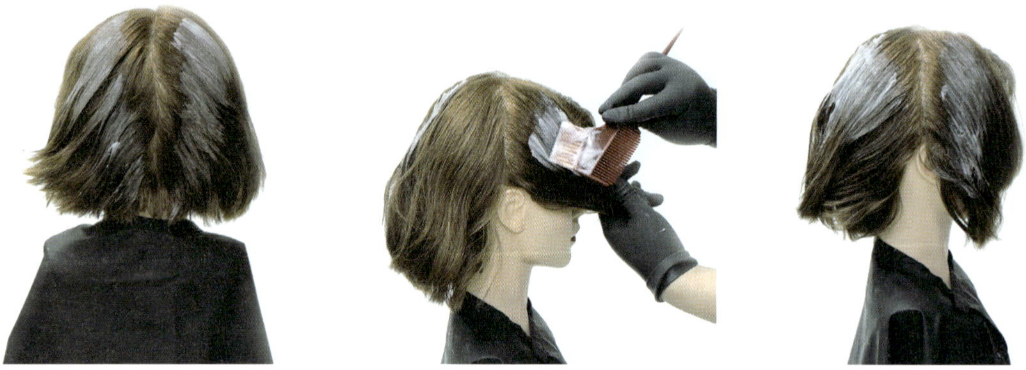

2. 센터 포인트에서 네이프 포인트(C.P~N.P) 까지, 이어 투 이어(Ear to Ear) 파팅을 나누어 모근 부분에서 2cm가량 띄우고 염모제를 도포하여 블로킹을 나눈다.

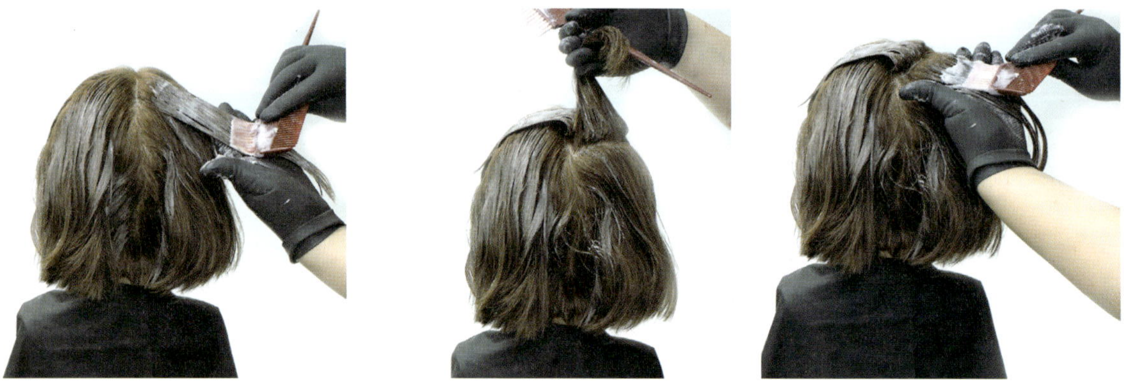

3. 탑에서 네이프 방향으로 염모제를 도포한다.
사선섹션을 나누고 모근에서부터 2cm 띄우고 염모제를 도포한 뒤 다 도포한 모발은 얼굴 앞 방향으로 내려 놓는다.

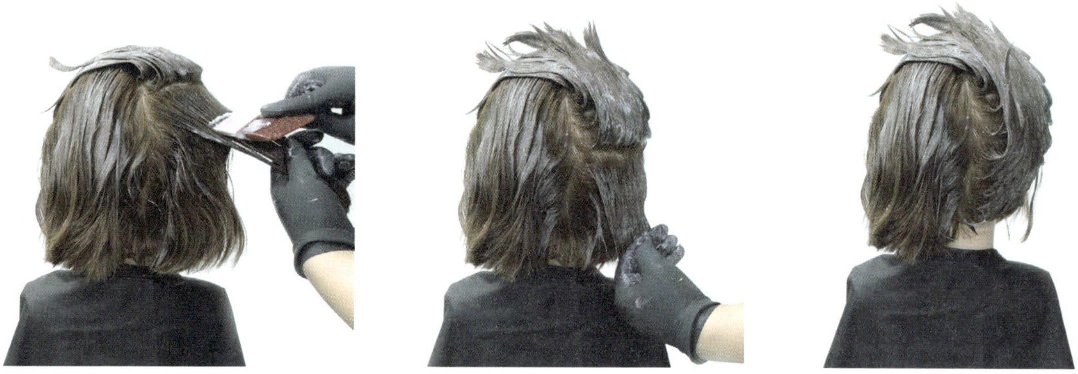

4. 섹션 간격 2cm 간격으로 모근에서 2cm 띄우고 염모제를 도포한다.

5. 반대쪽 백(Back)부분도 동일하게 도포한 뒤 모발을 아래로 내려 놓는다.

6. 사이드 부분은 수평섹션, 탑 부분부터 염모제를 도포하여 도포된 모발은 반대방향으로 올려 놓고 아래 섹션을 도포한다. 전체 도포 후 모발을 아래로 내려놓는다. 반대 사이드도 동일하게 진행한다.

7. 블로킹 파팅선 모근부위부터 염모제를 도포한 뒤 염모제를 도포했던 동일한 섹션과 순서로 모근부위에 염모제를 도포한다.

8. 전체 모근 부분에 염모제를 도포 후 모발을 내려 놓고 도포했던 섹션과 반대 방향으로 크로스 체크하여 염모제가 발리지 않은 부분까지 꼼꼼히 마무리한다.

9. 30~35분 자연방치 하고 테스트를 본 후 샴푸 한다.

(3) 실습 결과

제3장 응용 이론 & 실기편

BASIC HAIR COLOR PRO

1. 디자인 컬러 상담

(1) 디자인 컬러

다양한 라이프 스타일과 개성이 존중받는 21세기는 '디자인 시대'와 '컬러화 시대' 라 불릴 만큼 그 영역이 매우 확대되고 있다. 이는 개성표현의 중요수단인 헤어스타일에도 적용되고 있으며 단순한 색상 변경을 넘어 질감이나 이미지를 변화시키는 시대에 도래하였다.

디자인 컬러는 한 가지 이상의 색을 이용하여 모발에 입체감을 강화시키고 얼굴 형태나 골격을 보완하여 고객의 가장 퍼스널(Personal)한 컬러를 외부로 끌어내어 표현하는 것을 의미한다.

스타일에 있어 악센트(Accent)를 부여하거나 음영을 만들어 내는 등의 부가적 작업으로 인해 고객의 개성과 스타일을 강조하고 콤플렉스(Complex)를 보완하여 획일화된 아름다움에서 탈피시키는 것에 목적이 있다.

(2) 디자인 컬러 상담법

상담이란, 전문적 절차에 따라 문제해결을 위해 제안 또는 조언하는 과정을 말한다.

살롱 비즈니스에서 상담은 매우 중요한 단계에 해당되며, 고객니즈 파악은 물론 재방문율 및 객 단가 상승까지도 기대할 수 있다.

고객의 독특한 개성과 스타일을 반영하여 1:1 고객 맞춤형 솔루션과 테크닉을 제안하기 위해서는 반드시 컬러 작업 전 상담이 선행되어야 한다.

상담 시 질문은 모두 열린 질문법을 사용하며 상담시트를 활용하여 진행할 것을 권장한다. 상담시트에는 고객의 희망사항, 라이프 스타일, 화학작업 사전이력, 평소 손질방법 등이 모두 포함되어야 하며, 고객의 소비패턴이나 성향까지 파악한다면 매우 성공적인 작업결과로 이어질 수 있다.

TIP

열린 질문법

상담자의 생각과 감정, 의미 등을 자신의 방식대로 자유롭게 말할 수 있도록 도와주는 질문의 형태

예시 평소에는 어떤 헤어컬러를 주로 하셨나요?
특별히 원하시는 컬러가 있으신가요?

(3) 상담 시 고려사항

1) 헤어컬러 작업 목적

고객의 방문목적은 상담에 있어 제일 먼저 체크해야하는 필수 요소이다.
카테고리별로 세세한 상담이 이루어져야 하며 만약 헤어컬러 고객이라면 다음과 같은 4가지 부분을 먼저 체크하도록 한다.
뿌리염색 및 재염색 등 기존의 컬러를 유지, 이미지 변화, 얼굴형이나 피부톤의 결점보완, 개성연출 등의 다양한 고객니즈를 체크한다.
이 중 기존컬러 유지나 결점보완이 목적인 고객은 현재 틀에서 크게 벗어나지 않으면서 디테일한 부분을 수정 · 보완하는 방향으로 작업을 이어가야 하며, 이미지 변화나 개성 표현이 목적인 고객이라면 보다 과감한 컬러 선택이나 테크닉을 제안하는 것이 좋다.

“ 상담시트 문항 예시 ”

Q 헤어 컬러 작업 목적을 체크해 주세요.

- □ 기존 컬러 유지 (뿌리 염색 or 재염색)
- □ 이미지 변화
- □ 콤플렉스 보완 (얼굴형 or 피부톤 or 볼륨)
- □ 개성 연출

2) 헤어컬러 작업이력

헤어컬러는 자연색소와 인공색소의 혼합물의 결과인 '언더톤(Under tone)'을 바로 알아야 원하는 컬러를 구현해 낼 수 있다. 과거 작업했던 잔여 색소가 모발에 남아있다면 새로운 색상이 정확히 표현되기 어렵기 때문이다. 또한 작업횟수와 작업시기를 체크하여 손상정도나 눈에 보이지 않는 잔여 색소량을 예측하고 작업에 들어가야 한다. 그 외에 디자인 컬러의 경험 유무를 체크하면 상담 방향을 사전에 계획 할 수 있다.

" 상담시트 문항 예시 "

Q 헤어 컬러 과거이력을 체크해 주세요.

□ 염색 □ 탈색 □ 블랙 체인지 □ 헤나 or 메니큐어 (왁싱) □ 없음

Q 체크하신 작업의 작업 횟수와 시기를 써주세요.

횟수 : ____________ 시기 : ____________

Q 체크하신 작업의 작업 횟수와 시기를 써주세요.

□ 있음 □ 없음

3) 희망명도와 색상

고객이 희망하는 명도와 색상은 레벨스케일이나 컬러 차트 등의 툴로 체크를 하는 것이 가장 기본적이다. 상담시트는 전문가와 고객이 작성하는 과정으로 희망명도나 희망색상을 미리 확인하고 고객의 성향을 체크하는데 도움이 된다. 특히 상담 전 비 선호색을 알게 된다면 훨씬 만족도 높은 상담을 진행 할 수 있을 것이다.

" 상담시트 문항 예시 "

Q 희망하는 명도(밝기)를 숫자로 체크해 주세요. (숫자가 높을수록 밝은색)

1 — 2 — 3 — 4 — 5 — 6 — 7 — 8 — 9 — 10

Dark　　　　　　　　　　　　　　Light

Q 희망하는 색상을 체크해 주세요.

모노톤 계열 / 브라운 계열 / 따뜻한 계열 / 차가운 계열 / 상관없음

Q 고객님의 비 선호색(싫어하는 색/기피하는 색)을 기입해 주세요.

4) 선호하는 이미지

사람의 이미지는 수백 개의 형용사로 분류된다. 헤어살롱에 방문하는 고객들도 상담을 통해 자신이 가지고 있는 이미지 또는 희망하는 이미지를 형용사로 표현할 것이다. 이는 컬러를 제안하는데 있어 매우 중요한 열쇠가 된다.

사람의 이미지를 표현하는 형용사와 색감의 뉘앙스를 표현하는 형용사는 매우 유사하기 때문이다.

상담 시 '컬러 이미지 스케일'을 활용하면 컬러선택이 훨씬 용이해진다.

" 상담시트 문항 예시 "

Q 아래 '컬러 이미지 스케일' 에서 고객님이 희망하는 이미지에 동그라미 해주세요.

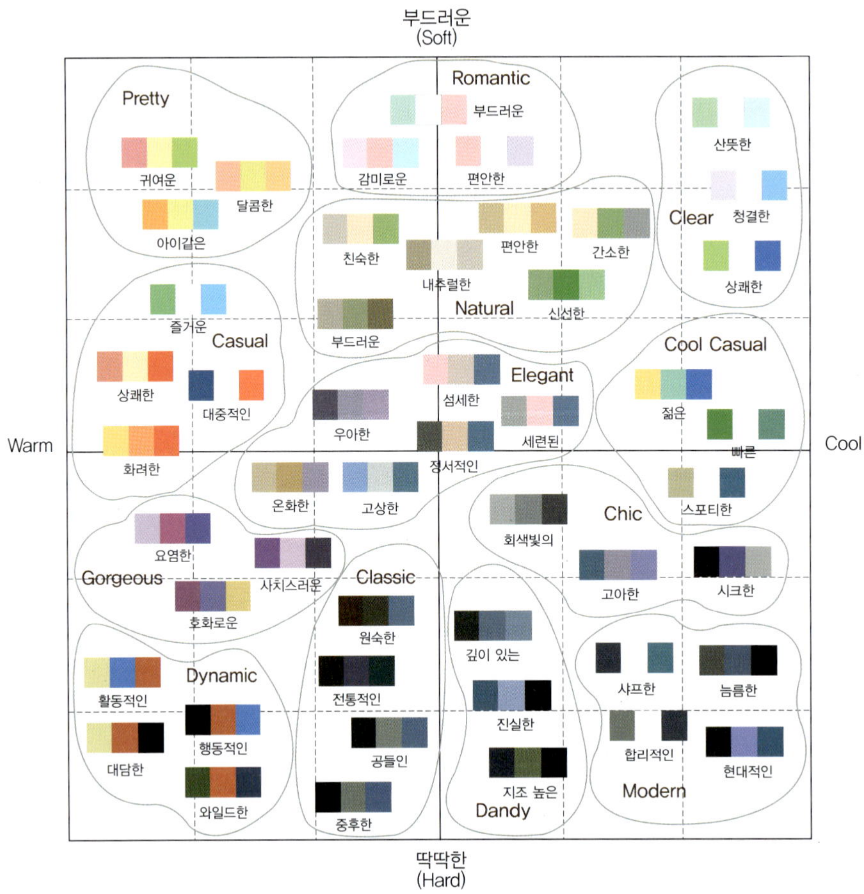

〈출처 : 2007, 김은정 · 박옥련, color_색〉

5) 얼굴형

'맞춤형 컬러'를 제안하기 위해서는 얼굴형에 맞는 디자인이 필수적으로 제안되어야 한다. 상담 시 다음과 같은 이미지를 활용한다면 고객의 이해도를 높이는데 도움이 될 것이다.

얼굴형	연출방법 상담 팁	디자인 적용하기
계란형	얼굴형을 더욱 돋보이게 연출	모든 스타일링 적용 가능
둥근형	세로로 확장감 연출 ex 탑 부분 볼륨감 연출을 위한 하이라이트 컬러 적용, 페이스라인은 축소효과를 위해 로우라이트 컬러 적용	
각진형	하관이 부각되지 않도록 연출 ex 탑 부분에 하이라이트 컬러, 턱 주변에 로우라이트 컬러 적용하여 시선분산	
긴 형 (장방형)	가로로 확장감 연출 ex 탑 부분에 로우라이트 컬러, 페이스라인과 사이드부분 하이라이트 컬러 적용	
역삼각형	이마가 좁아 보이도록 연출 ex 사이드 아랫부분 볼륨감 표현을 위해 길이로 갈수록 점점 밝아지는 명암 적용	

" 상담시트 문항 예시 "

Q 나의 얼굴형에 해당되는 부분에 체크해 주세요.

□ 계란 형　　□ 둥근 형　　□ 긴 형　　□ 각진 형　　□ 역삼각 형

6) 평소 스타일링

디자인 컬러에서 평소 스타일링은 디자인위치를 결정짓는 Tip이 된다.
만약 평소에 머리를 땋거나 묶고 다니는 고객이라면 포인트 컬러를 권할 수 있을 것이고, 특정부분만 볼륨 있게 드라이를 하는 고객이라면 그 부분에 하이라이트 컬러작업을 권장할 수 있을 것이다. 또한 드라이나 아이론을 이용하여 스타일링 하는 고객이라면 그 스타일이 극대화 될 수 있는 악세서리 형태의 테크닉을 적용할 수 있다.

" 상담시트 문항 예시 "

Q 평소 스타일링을 체크해 주세요.

- □ 거의 하지 않는다.
- □ 땋거나 묶고 다닌다.
- □ 특정부분만 볼륨 있게 드라이 한다.
- □ 드라이나 아이론을 이용해 스타일링을 한다. (스트레이트/C컬/웨이브)

7) 알레르기 반응 여부

알레르기 테스트(Patch test)는 화학적인 작업을 기본적으로 하는 살롱에서 크게 발생될 수 있는 클레임을 줄이는 목적과 안전한 작업을 위한 목적으로 볼 수 있다. 테스트 결과, 피부가 과민해지거나 이상반응(부종, 염증 등)이 관찰될 경우 작업을 삼가야 한다.

[테스트 대상]

- 두피가 민감한 고객
- 알레르기성 질환이 있는 고객
- 컨디션이 좋지 않은 고객
- 트러블 발생 여부가 불확실한 고객(처음 염색하는 고객)

" 상담시트 문항 예시 "

Q 염색 시 알레르기 반응 여부에 대해 체크해 주세요.

□ 있음　□ 없음　□ 모름

(4) 상담 시 주의사항

- 상담 시 고객과의 눈높이를 맞추어 앉아 편안한 분위기에서 진행한다.
- 상담시간은 10~15분 내외가 적당하며 상담시간이 너무 길어질 경우, 고객의 작업에 대한 흥미가 줄어들 수 있다.
- 가운을 입지 않은 상태에서 고객의 평소 패션과 라이프 스타일을 체크하는 것이 중요하다.
- 스타일 상담은 반드시 스크랩북, 테블릿PC, 컬러차트 등 시각적으로 이미지가 확인 가능한 툴(Tool)을 활용하여야 하며, 주기적인 업데이트가 필요하다.
- 작업 시 소요되는 예상시간 및 비용도 컬러작업에 앞서 반드시 체크되어야 하는 부분이다.

Exercise 1 디자인 컬러 상담시트 작성하기 & 상담 롤 플레이

학습목표

- 디자인 컬러에 맞는 상담시트를 작성할 수 있다.
- 상담시트를 실제 상담에 적용 할 수 있다.

1. 트레이닝 가이드

① 4인 1조로 조를 나눈다.

② 디자인 컬러에 맞는 상담시트를 토의하여 작성한다.

③ 작성한 상담시트로 고객과 디자이너를 선정하여 상담 롤 플레이를 진행한다. (1조당 5분 이내)

④ 서로 잘한 점, 보완할 점을 공유 한다.

2. 상담 롤 플레이 체크리스트

체크사항	상	중	하	기타의견
열린 질문을 사용하였는가?				
고객정보를 충분히 인식하였는가?				
적절한 상담 도구를 사용하였는가?				
알맞은 스타일을 제안하였는가?				
상담자로써 태도는 적절한가?				

고객상담시트 작성하기

고객 상담 시트 예시 (고객 작성용)

NO.	DATE
성 함 (남 / 여)	나 이
핸드폰	

1. 헤어 컬러 작업 목적을 체크해 주세요.
   - □ 기존 컬러 유지 (뿌리 염색 or 재염색)
   - □ 이미지 변화
   - □ 콤플렉스 보완 (얼굴형 or 피부톤 or 볼륨)
   - □ 개성 연출

2. 헤어 컬러 과거 이력을 체크해 주세요.
   □ 염색 □ 탈색 □ 블랙 체인지 □ 헤나 or 메니큐어 (왁싱) □ 없음

3. 체크하신 작업의 작업 횟수와 시기를 써주세요.
   횟수 : ____________ 시기 : ____________

4. 디자인 컬러 경험 유무에 대해 체크해 주세요.
   □ 있음 □ 없음

5. 희망하는 명도(밝기)를 숫자로 체크해 주세요. (숫자가 높을수록 밝은색)
   1 --- 2 --- 3 --- 4 --- 5 --- 6 --- 7 --- 8 --- 9 --- 10
   Dark Light

6. 희망하는 색상을 체크해 주세요.
   모노톤 계열 / 브라운 계열 / 따뜻한 계열 / 차가운 계열 / 상관없음

7. 고객님의 비 선호색(싫어하는 색/기피하는 색)을 기입해 주세요
   ____

8. 나의 얼굴형에 해당되는 부분에 체크해 주세요.
   □ 계란 형 □ 둥근 형 □ 긴 형 □ 각진 형 □ 역삼각 형

9. 평소 스타일링을 체크해 주세요.
   - □ 거의 하지 않는다.
   - □ 땋거나 묶고 다닌다.
   - □ 특정부분만 볼륨 있게 드라이 한다.
   - □ 드라이나 아이론을 이용해 스타일링을 한다. (스트레이트/C컬/웨이브)

10. 염색 시 알레르기 반응 여부에 대해 체크해 주세요..
    □ 있음 □ 없음 □ 모름

고객상담시트 예시 (디자이너 작성용)

모발진단

굵 기 □ 굵은 모 □ 보통 모 □ 가는 모

길 이 □ Short □ Medium □ Long

손상도 □ 건강 모 □ 약손상모

□ 손상모 □ 극손상모

두피진단

손상도 □ 정상 □ 비듬 □ 지성

□ 탈모 □ 민감

희망 이미지

명 도

색 상

이미지

요구사항

처방

사용 약제

시술 포인트

테크닉 도해도 및 시술순서

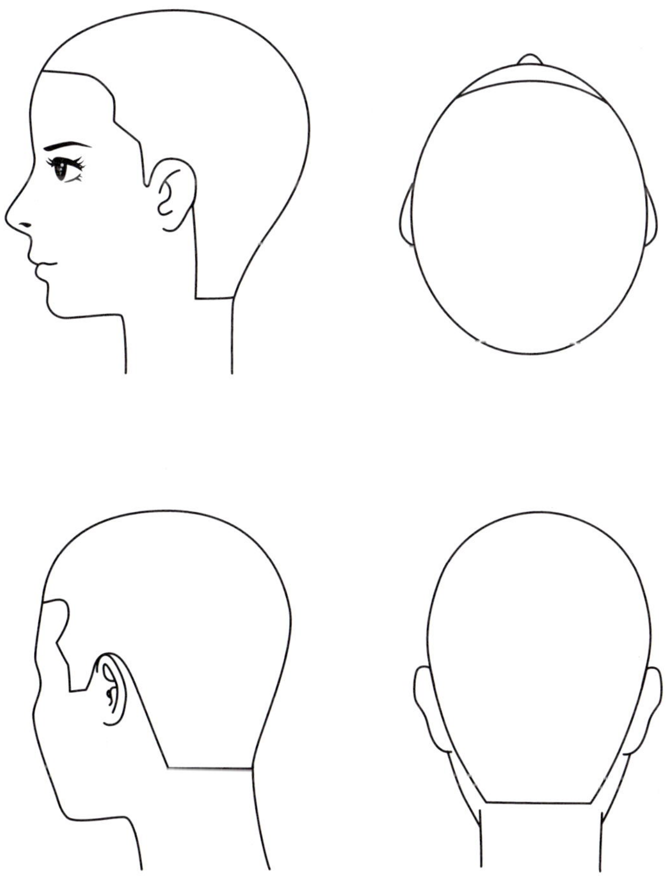

2. 디자인 컬러 배색

디자인 컬러를 위한 색채 계획은 한 가지 이상의 색이 명도, 색상, 채도에 따라 배색되었을 때, 일어날 수 있는 현상에 대해 인식하는 것에서부터 시작된다.

(1) 색의 대비

1) 명도대비

두 색상이 대비되면서 고유의 명도보다 더 낮거나 더 높아 보이는 현상이다.
대비되는 색의 명도 차이가 클수록 더욱 확연하다.

TIP

고 명도와 저 명도를 이용한 명도대비 배색은 가장 심플하면서도 클래식한 이미지 연출이 가능하다. 대비되는 두 색상의 명도차이가 3레벨 이하에서는 베이스컬러와 융화되어 보이지만 4레벨 이상의 레벨 차이는 강조의 효과를 줄 수 있다.

2) 색상대비

근접하는 두 색상이 서로 대비되어 색상의 차이가 더 크게 나타나 보이는 현상이다.
명도나 채도가 유사할수록 색상대비는 확연하다.

TIP

색상대비를 이용한 배색은 세련되면서 이지적인 이미지 연출이 가능하다.
대비되는 두 색상이 명도나 채도가 유사할수록 색을 강조 할 수 있다.

3) 채도대비

두 색상을 동시에 인접시켰을 때 채도의 변화가 나타나 보이는 현상이다.
두색의 채도가 상반될수록 채도대비는 확연하다.

4) 보색대비

색의 대비 중 가장 강한 인상을 주는 대비로써 두 색이 서로의 영향으로 인해 본래 색보다 채도가 높아지고 선명해지는 현상이다.

TIP

유니크한 개성연출이 가능한 배색으로 색상환에서 반대의 위치에 있는 색을 활용하는 방법이다.
이때 두 색상의 채도가 동일하다면 강조효과는 더욱 극대화된다.

(2) 색의 동화

시각의 잔상에 의한 효과로 인접한 색들끼리 영향을 주어 인접된 색에 가까운 색으로 보이는 현상이다.

1) 명도의 동화

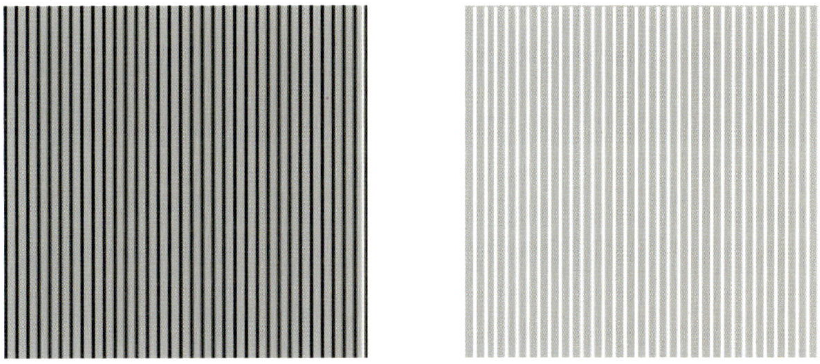

TIP

전체적인 명도를 현재보다 어둡게, 또는 밝게 조절하고 싶을 때 활용하는 배색으로 호일워크를 활용하여 연출한다.

TIP

희망색을 자연스럽게 연출하고 싶은 경우, 베이스를 무난한 브라운컬러로 설정하고 희망색을 호일워크를 활용하여 표현하면 자연스러운 결과를 연출할 수 있다.

3) 채도의 동화

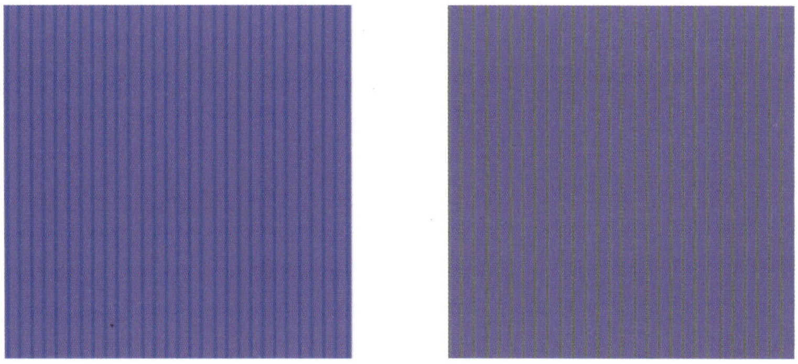

TIP

현재컬러를 보다 선명하게, 또는 자연스럽게 조절하고 싶을 때 활용하는 배색으로 호일워크를 활용하여 부분작업만 으로도 자연스러운 채도의 변화가 가능하다.

(3) 색의 성질

1) 진출색과 후퇴색

색이 돌출되어 보이거나 크게 보이는 색을 진출색이라 하며, 들어가 보이거나 작아 보이는 색을 후퇴색이라 한다.

진출색은 주로 고명도, 고채도의 특징을 가지며, 후퇴색은 주로 저명도, 저채도의 특징을 가진다.

TIP

키가 작거나, 볼륨을 희망하는 경우는 Top부분에 진출색을 사용하고, 키가 크거나 긴 얼굴형일 경우, Top부분에 후퇴색을 사용하여 배색하면 보다 퍼스널한 결과를 연출할 수 있다.

TIP

하이라이트 연출 시 에는 실제 연출하고 싶은 굵기보다 얇게, 로우라이트는 연출하고 싶은 굵기보다 두껍게 연출하면 효과적이다.

(4) 배색하기

1) 그라데이션(Gradation)

색체가 조화를 이룰 수 있도록 시각적 연속성을 주는 배색기법이다.
명도, 색상, 채도가 단계적으로 변화시킴으로써 자연스러운 결과를 연출할 수 있다.

명도의 그라데이션

색상의 그라데이션

채도의 그라데이션

TIP

모근부는 저명도 또는 저채도의 색상으로 시작하여 길이로 갈수록 고명도 또는 고채도 색상으로 이어지는 것이 이상적이다.

2) 액센트(Accent)

자칫 단조로울 수 있는 디자인에 액센트를 주어 개성 있는 이미지 연출이 가능한 배색기법이다. 강조색의 비율은 전체 5%정도가 적당하다.

TIP

포인트를 주고자 하는 부분에 호일 2-3장만 활용하여 액센트 컬러를 연출하면 악세서리 효과를 줄 수 있다.

3) 레피티션(Repetition)

2가지 이상의 색을 반복적으로 사용하는 배색기법이다. 두 가지 색을 반복적으로 사용하면, 사용하는 각각의 색상들을 더욱 돋보이게 연출 할 수 있는 시너지효과가 있다.

TIP

2가지 이상의 색을 하이라이트 컬러, 베이스 컬러, 로우라이트 컬러, 액센트 컬러 등을 순서를 정해놓고 반복적으로 작업하는 형태이다. 보다 입체적이고 유니크한 컬러를 연출할 수 있다.

3. 계절색과 퍼스널 컬러(Personal color)

(1) 색채의 심리와 이미지

색채는 인간의 감정을 자극하는 효과가 있으며 색이 미치는 인상은 모두 달라서 이런 효과는 실생활에서도 다양하게 이용되고 있다.

1) 색의 심리

① 색과 크기

명도가 높은 색(백색)은 크고, 명도가 낮은 색(흑색)은 작게 보인다.

② 색의 진출, 후퇴

명도가 높은 색은 진출, 명도가 낮은 색은 후퇴해서 보인다.

③ 색과 명시도

배경의 명도가 낮을 때는 명도가 높은 색은 명시도가 높다. 명도의 대비에서 좋은 것은 바탕색/도안을 다음에 예시한다. 황색의 바탕색을 사용하고 흑색의 도안을 사용한다. 백색의 바탕색을 사용하고 초록색의 도안을 사용한다.

식별을 위해 이용하는 색은 위와 같이 떨어진 색을 이용하면 좋다.

④ 색과 온도 감

난색계(적색, 등색, 황색 등)는 따뜻한 감을 주고, 냉색계(청색, 청록색 등)는 차가운 느낌을 준다.

⑤ 색과 감정

난색계의 색은 감정을 흥분시키고, 냉색계의 색은 감정을 차분하게 해 긴장시킨다. 명도가 높으면 명쾌하고, 낮으면 불쾌하다. 채도가 높으면 긴장하고, 낮으면 너그러워 진다.

⑥ 색과 경 중 감

명도가 높은 색은 가볍고, 낮은 색은 무겁게 느낀다.

⑦ 색과 시적 순응

냉색계는 암 순응(밝은 곳에서 어두운 곳으로 들어갔을 때의 순응)을 방해하는 정도가 크고, 난색계는 그것이 작다.

⑧ 색과 안정감

명도가 낮은 색이 아래쪽에, 높은 색이 위쪽에 조합되어 있을 때 안정감이 있다. 예를 들면, 실내에는 천장의 명도를 가장 높게 하고, 벽, 중간 벽, 바닥이란 순으로 명도를 낮게 하면 안정감이 생긴다.

⑨ 색과 밝기

명도가 높은 색은 밝게 느낀다.

⑩ 색과 식욕증진

난색은 식용을 증진하는 느낌이 있다.

2) 색의 이미지

① 빨간색(Red)

모든 색채 중에서 가장 강한 채도와 큰 매력을 지니고 있다. 빨간색은 밝은 수록 즐거움과 상상력이 넘치는 기질을 나타내고 어두워질수록 긴장되고 깊은 뜻을 가진다.

또한 빨간색은 자극성이 강하고 정열, 자신감, 힘, 생동 력, 쾌활함 등을 나타내며 따뜻하고 낭만적, 감각적이며 진취적인 색이어서 식욕을 증진시키고 사람의 기분을 상승시켜주는 효과가 있다.

② 오렌지색(Orange)

오렌지색은 따뜻하고 친밀한 느낌을 담고 있고 활력, 열정, 사교성 등을 나타내는 색이다. 가볍고 여성의 우아한 분위기를 자아내며, 식용을 일으키는 충동적이고 자제력을 쉽게 잃게 하는 색이어서 다이어트 시 피해야 하는 색이다.

③ 황색(Yellow)

모든 색채 중에 가장 채도와 명도가 높아서 명시성이 높은 색이다. 황색은 명랑하고 밝고 신선하며 젊고 외향적이다. 온화, 기쁨의 색으로서 천국과 태양의 광채가 빛나는 왕국이나 지식을 상징하기도 한다.

④ 초록색(Green)

초록색의 감정적 효과는 중성색으로서 모든 색 중에 가장 차분한 색이다. 싱싱함, 젊음, 활기, 신선함의 느낌인 초록색은 자연, 끊임없는 성장, 희망 등을 상징하기도 한다. 또한 풍요 건강의 상징이기도 한다. 초록색은 긴강과 고통을 완화해주고 생활공간에 쓰이면 피로감을 덜 느끼게 해주어 휴게실 등에 사용되면 좋다.

⑤ 파란색(Blue)

파란색은 차갑고 청명하며 수동적이고 고요하다. 평화롭고 신뢰감을 주며 단정하고 편안한 느낌을 준다. 보수주의, 권위와 위엄을 상징해서 해군 경찰 복장에 짙은 감청색이 쓰이기도 한다.

⑥ 보라(Violet)

보라는 무의식을 나타내는 색으로서 신비롭고 인상적이며 명상적인 사고를 나타낸다. 보라색을 좋아하는 사람은 신비함을 좋아하고 예술적인 재능이 있으며 사색을 즐기는 반면 현실에 대한 적응능력이 부족한 경향이 있다. 보라색은 장엄하고 화려하며 고상함으로 부와 권위를 상징하는 색이어서 왕족만 사용하는 색 이기도 했다.

⑦ 검정(Black)

검정은 영원과 신비, 절망과 죽음, 어둡고 우울함을 나타내는 색이다.

⑧ 흰색(White)

흰색은 순수하고 깨끗하며 천진, 자각 등을 상징하는 색이면서 우아함, 순결, 청초, 결백, 진실 등을 상징하기도 한다.

(2) 색의 배색

두 가지 이상의 색을 특별한 효과나 목적에 알맞게 배치하여 조화하도록 만드는 것으로서 배색의 질서가 이루어지는 색들은 심리적 쾌감을 주지만 그것이 없으면 불쾌감을 느끼거나 감흥을 주지 못한다. 이와 같이 쾌감을 일으키는 색의 배색을 조화색이라고 하며, 배색을 통하여 균형 있는 통일감과 변화를 갖출 때 색의 조화가 있다고 한다.

[배색 시 주의 점]

- 사용하는 목적과 주위 환경을 고려한다.
- 색의 배치나 면적 비례를 고려하여 목적에 맞는 효과를 얻도록 한다.
- 색상, 명도, 채도의 변화를 고려하여 조화가 되도록 한다.
- 사용되는 재질과 형체를 고려하여 배색을 미리 계획한다.

1) 색채의 조화 요소

- 유사조화 : 유사한 성질끼리 어울리는 배색의 효과
- 대비조화 : 반대되는 성질끼리 어울리는 배색의 효과

① 톤 온톤 배색(Tone on tone)

명도 차이를 크게 하여 대조를 이루게 하는 배색을 말한다. 같은 색상의 톤에서 명도의 변화만 있도록 하는 것이다. 통일성을 유지하며 극적인 효과를 주므로 디자인 시 일반적으로 사용한다.

② 톤 인톤(Tone in tone)

유사색상의 배색과 같은 톤의 느낌을 일정하게 유지하면서 색상을 다르게 하는 배색

③ 채도 차에 의한 배색

채도차이를 크게 하여 대조를 이루게 하는 배색을 말한다. 같은 색상의 톤에서 채도의 변화를 통하여 색채의 농담을 나타내는 배색기법이다.

④ 색상을 주로 한 배색

- 색상차가 작은 배색(동일 색상의 배색) : 서로 인접한 색에 의한 배색 방법으로 부드럽고 통일된 온화한 느낌
- 색상차가 중간인 배색(유사 색상의 배색) : 색상차가 유사한 배색 방법이며 부조화의 영역으로서, 명도차, 채도차를 크게 하면 조화된 배색이 될 수 있다.
- 색상차가 큰 배색(반대색상의 배색) : 서로 대비가 되는 색상차가 큰 배색 방법으로서 화려하고 강한 느낌
- 보색 색상끼리의 배색 : 보색 색상끼리의 강한 대비 효과가 나타나는 배색 방법으로서 강한 자극. 강렬하고 화려한 느낌

2) 색의 감성배색

① 맛에 의한 배색

잘 익은 빨간 과일은 입맛을 돋우듯이 색채의 느낌이 미각을 수반하여 즐거운 식생활을 만들어 준다. 오렌지색은 강한 식욕감을 느끼게 하고, 한색 계열은 쓴 맛, 난색 계열은 단 맛을 내며 배색에 따라서 느낌의 차이가 생긴다.

- 달콤한
- 담백한
- 매콤한
- 단 맛
- 신 맛
- 쓴 맛

② 음의 느낌에 의한 배색

음에서 색을 느끼는 현상을 색청 이라고 한다. 이러한 느낌을 이용하여 표준음계는 순색의 스펙트럼을 생각하게 하고, 낮은 음은 저명도, 높은 음은 밝고 강한 채도, 예리한 음은 선명한 적색, 탁음은 둔하고 어두운 회색 기미의 색, 마찰음은 거칠게 칠한 색을 연상하게 한다.

- 낮은 음
- 거친 음
- 부드러운 음

③ 향에 의한 배색

레몬색은 톡 쏘는 듯한 냄새의 느낌을 가지고 있다. 또한 좋은 냄새의 색들은 맑고 순수하며, 나쁜 냄새의 색채는 어둡고 흐린 난색계열의 색이다.

- 커피 향
- 향기로운
- 나쁜 냄새

④ 계절에 의한 배색

자연은 계절에 따라 충분한 수많은 색을 창조하였다.

- 봄 : 다시 돋아나는 자연을 보여 준다.
- 여름 : 강렬한 태양으로 마치 파란 하늘로 보여 준다.
- 가을 : 황금물결의 대지. 나뭇잎의 변화로 보여 준다.
- 겨울 : 눈의 차가운 풍경으로 순수하고 대조적인 색조로 보여 준다.

(3) 색의 이미지별 분류

1) 이미지 언어 스케일

어떤 색이 어떤 이미지를 갖는가? 그 것은 사람에 따라 색에서 받는 느낌이 각 각 틀리기 때문에 무척 어렵다. 그러나 사람에게는 개인의 차이가 다소 있으나, 무엇인가 공통된 느낌이 있다. 예를 들면, 귤은 처음에는 청록이지만, 색이 물들어 가면 오렌지색 빛을 띠게 된다. 그래서 청록은 젊고 신선하게 느껴진다. 또 미숙이라는 의미도 가지고 있는데 그 것 때문에 청년이라는 이미지로도 통한다. 색이 갖는 의미(이미지)를 단순히 각 각이 아니라 각 색을 연관시켜 비교 판단할 수는 없는 것일까? 이러한 의도에서 개발 되어진 것이 일본 컬러 디자인 연구소에서 개발한 컬러 이미지 스케일로서 색의 이미지가 일상적 감각과 잘 일치하는 질서를 갖추고 있다.

2) 이미지 스케일을 보는 방법

색의 운동감(동적인, 정적인)을 수평선으로 하고, 색의 경연감(부드러움, 딱딱함)을 수직선으로 하여 서로 교차시켜서 마음의 제로 포인트가 이미지의 원점(0) 이고, 상하좌우로 늘어날수록 (1)약간, (2)꽤, (3)대단히로 이미지 정도가 강해져 간다.

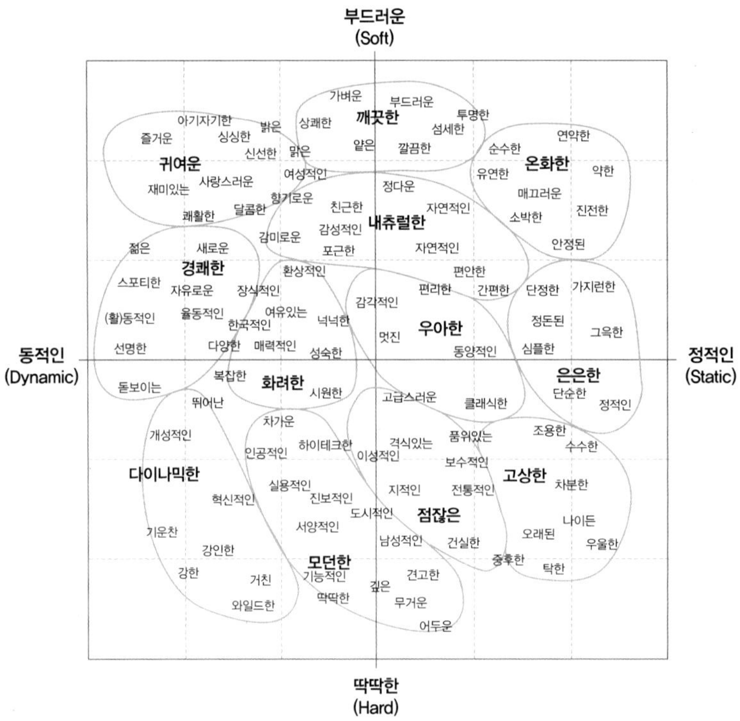

① 캐주얼 이미지

자유분방한 분위기를 의미한다. 평상복 차림의 자유롭고 생동감 있는 감각으로 스포티하고, 밝고, 즐겁고, 편안하고, 개방적인 이미지이다.

② 시크 이미지

조용하고 세련된 분위기의 지적인 이미지이다.

③ 클래식 이미지

유행과 관계없이 오랫동안 지속적으로 채택되는 스타일의 의상으로서, 전통성과 윤리성을 존중하고 풍요로움을 추구하는 여유 있는 사람들이 선호하는 이미지이다.

④ 댄디 이미지

남성예복 스타일이 여성복 디자인으로 이용된 여성 패션 이미지이다.

⑤ 다이내믹 이미지

정열이 있고 대담하며, 활동적이고 강렬한 힘을 느끼게 하는 이미지이다.

⑥ 엘레강스 이미지

품위 있고 우아하며 세련된 분위기의 여성적인 이미지이다. 섬세하고 꾸밈이 없으면서도 품위가 돋보이고 균형 잡힌 우아한 이미지를 지향하는 클래식한 감성의 패션을 말한다.

⑦ 모던 이미지

패션에서는 다소 차가운 분위기가 느껴지나 낭비요소가 배제된 간결미를 추구하는 것이 보통이다. 또한 현대적이고 도시적인 감각이 돋보이는 것이 특징이다.

⑧ 내추럴리즘 이미지

자연을 포용하고 있는 정다움이나 온화함, 친근함 등을 반영하는 이미지이다. 패션은 천연소재를 사용하여 넉넉하고 편안한 실루엣으로 몸을 구속하지 않는 자연스러움과 자유스러움을 표현한다.

⑨ 프리티 이미지

귀엽고 사랑스러운 느낌의 패션이다. 감미로운 이미지 보다는 약간 화려한 느낌이 드는 귀엽고 달콤한 이미지이다.

⑩ 로맨틱 이미지

온순하고 부드러운 여성적인 이미지로 서정적이고 섬세하다. 주로 부드러운 질감의 꽃무늬와 민속풍의 격자무늬를 사용하며, 부드럽고 꿈결 같은 다정한 이미지를 표현한다.

(4) 퍼스널 컬러(Personal color)

개개인의 얼굴 색, 머리카락 색, 눈동자와 더불어 개인의 고유의 색과 조화로운 색이 퍼스널 컬러이다. 이는 각각의 계절에 따라 빛은 변화하고 색들도 변화하기 때문에 자연의 색들은 분명한 색이거나 또는 어두운 색을 표현하므로 자연의 계절에 따라 수많은 색을 창조하기 때문에 자연에서 색을 표현한다.

사계절의 이론 분석은 화가 요한네스 이텐(Johannes Itten 1888-1967)의 연구로 시작된 것이다. 그는 바이미르에 있는 바우하우스(Bauhaus)학교에서 그림을 가르치면서 "이성은 직관 앞에서 굴복해야 한다."라고 하는 색의 법칙에 대한 연구를 시도하였다. 그는 사계절의 순환을 구성하고 사람의 얼굴과의 일치를 연구가 시작되면서 그 후 많은 사람들이 관심을 갖게 되면서 1975년 이래로 색깔 분석의 발견은 폭 넓게 발전하여왔다.

1) 계절과의 조화로움

우리가 접하는 사계절은 따뜻한 색으로 분류되는 계절과 차가운 색으로 분류되는 계절이 있다. 이는 색에는 명암차이와 농도, 형태, 선, 볼륨 등을 통해 표현되기도 하여 다양한 메시지를 전달하기 때문에 각 계절의 이미지로 분류해 본다.

① 봄

밝고 은은한 색상으로 노란색, 오렌지색, 연두의 색상

② 여름

색 바랜 빛깔의 장미색, 파란색의 차가운 색상

③ 가을

부드러운 오렌지색빛과 갈색, 적갈색의 따뜻한 색상

④ 겨울

정갈하고 대소석인 샛 파란색, 회색의 차가운 색상

⑤ **웜 톤(Warm Tone)**

웜 톤은 옐로우와 같이 따뜻하고 차분한 느낌의 컬러로 베이스가 옐로우이다
봄의 이미지는 웜 톤 컬러로 봄의 쾌활함과 상큼함의 대표되는 컬러로 노란색과 초록색이 강하게 나타난다.
가을의 이미지는 매혹적인 화려한 이미지로 풍성한 가을 들녘의 저녁노을 같은 구리 빛과 적갈색의 옐로우 베이스이다.

⑥ **쿨 톤(Cool Tone)**

쿨 톤은 푸른색과 같이 순수하고 시원한 느낌의 컬러로 베이스가 블루이다
여름의 이미지는 쿨 톤 컬러로 파스텔 톤의 색이나 회색빛 도는 파란색이 강하게 나타난다.
겨울의 이미지는 파란하늘의 생동감과 회색빛 도는 아침의 투명성을 표현하는 블루 베이스이다.

[웜 톤과 쿨 톤의 색상]

2) 나에게 어울리는 계절

퍼스널 컬러를 결정짓는 것 중에 피부색이 중요한 요소이다. 피부색은 연한 베이지색, 금빛의 베이지색, 황갈색, 구리빛 색, 붉은 갈색, 구리 빛 갈색 등의 다양한 피부의 색들은 계절의 대표되는 컬러들을 얼굴에 대어보면 각 개인의 어울리는 계절을 찾을 수 있다.
이때 조건은 햇빛이 비치는 장소에서 실행하며, 화장을 하지 않은 상태로 흰색 또는 회색 티셔츠를 입어서 간접색을 없애도록 한다.

3) 스킨 톤 분석

① 밝은 색

금빛의 베이지색이나 연한 베이지색의 컬러의 피부 톤으로 구리 빛과 갈색이 없는 얼굴로 밝은 색의 피부 인지를 살펴본다.

② 어두운색

구리 빛과 갈색의 피부 톤으로 흐릿한 얼굴색인지를 살펴본다.
밝은 피부톤을 갖고 있는 경우 웜 톤과 쿨 톤의 봄과 여름의 계절을 연상할 수 있다.
어두운 피부톤을 갖고 있는 경우 웜 톤과 쿨 톤의 가을과 겨울의 계절을 연상 할 수 있다.

4) 웜 톤, 쿨 톤 분석

얼굴에 웜 톤의 컬러와 쿨 톤의 컬러를 대어보고 색들이 주는 이미지와 효과를 비교해 보기 위하여 다양한 색상들을 얼굴에 대어보고 어울리는 컬러와 어울리지 않은 컬러들을 분류해 본다.
이때 선정기준은 약 1m 전방에서 간접 색을 없앤 후 다양한 색상의 천을 사용하여 얼굴 가까이에 대어 본 후 젊고 생기게 만드는 색상을 찾아보도록 한다.

- 눈빛과 얼굴빛을 비교 해본다.
- 광대의 위치와 입 꼬리를 비교 해 분다.
- 그늘진 얼굴과 화사한 얼굴인지를 비교해 본다.

5) 4계절의 대표 컬러

① 핑크색

핑크색은 자연스러운 색조를 더 강화시켜주고, 젊어 보이며 시선을 생기 있게 만들어 주지만 살구색은 얼굴의 색을 노랗게 만드는 경향이 있고 안 좋은 얼굴빛을 만들어 주어 지쳐 보이거나 피곤하게 보일 수 있다.

② 살구 색

살구색이 눈을 반짝이게 만들어 주는 반면 장미색은 얼굴색을 희게 하고 무미건조하게 보일 수 있다.

③ 벽돌색

벽돌색은 얼굴을 반짝이게 만들고, 많은 매력들을 제공하며 수령초색은 얼굴색을 하얗게 하고 눈 주위의 검은 무리를 그려놓을 수 있다.

(5) 계절에 따른 컬러와 스타일 제안

개인이 좋아하는 색상과 싫어하는 색상은 과거의 기억에 의존하는 경우가 많은데 이것은 과거의 유아시절의 경험이나 추억에 의해 결정되기 때문이다.

컬러 테라피가 필요한 현대사회에서는 컬러가 주는 이미지가 중요시 되고 있는 실정이므로 컬러로 인해 각인되는 이미지를 만들어 내기 때문에 어떠한 컬러를 사용했느냐에 따라 매우 중요하다.

좋아하는 컬러를 사용하게 되면 심리적으로 밝은 마음과 긍정적인 행동들로 인해 다른 사람에게 긍정의 에너지를 줄 수 있다.

1) 봄의 계절

부드럽고 달콤한 유형으로 얼굴형은 원의 유성과 편안한 형으로 신중하고 겸손한 성격으로 감수성이 풍부한 꿈꾸는 듯한 이미지이다.

봄 형의 사람들의 옷차림은 화려하고 부드러운 얇고 가벼운 소재의 옷과 주름 장식이 있거나 리본장식의 옷을 선호한다. 의상의 색상은 평온한 느낌이 나는 베이직 색이나 크림색, 아이보리, 바닐라등과 같은 연한 색상이 잘 어울리며 액세서리로는 노란 황금색, 호박, 터키 옥, 황옥들의 보색을 좋아한다.

헤어스타일은 자연스럽고 부드러운 층진 헤어스타일, 6레벨이상의 밝은 헤어컬러, 구리 빛이 도는 헤어컬러가 잘 어울린다. 꽃향기나 과일 향이 나는 향수를 선호한다.

2) 여름의 계절

다정하고 민감하며 직사각형의 얼굴형과 여성스럽고 우아한 스타일로 유혹적인 매력을 발산한다. 이런 한 유형은 자기관리를 소홀히 하지 않고 활동적이며 호감 가는 친절함을 갖고 있는 성격이다.

파스텔 톤의 컬러의 섬세한 조화와 에메랄드 초록색, 엷은 보라색, 파란색 들을 좋아하며 보석으로는 다이아몬드와 자수정을 좋아한다. 안경의 테는 금색 메탈, 은빛 유광의 메탈이 잘 어울리며 헤어스타일은 중간 길이로 웨이브를 살린 스타일은 선호 하고 6레벨 이상의 컬러의 밝은 크림색의 컬러가 돋보이며 향수는 섬세하고 달콤한 향을 선호한다.

3) 가을의 계절

여유로움이 있는 정삼각형으로 낙천주의자이고 건강하며 항상 움직임이 있는 스타일로 넓은 공간을 선호하고 여러 가지의 컬러보다는 단색으로 명도와 채도를 변화시켜서 활용하는 컬러들을 좋아한다.
면제품과 같은 편안하고 자연스러운 천은 사용하여 여유 있고 딱딱하지 않는 스타일에 매력을 느낀다. 따뜻한 색조에 애착 있고 갈색 계통의 색, 초록과 노란색, 옥색을 추구하며 오렌지색과 빨간색을 첨가한 옷들이 잘 어울린다.
좋아하는 안경테는 베이지색이나 진한 밤색의 나무로 된 안경테를 선택하며 초콜릿색도 잘 어울린다.
풍성한 머릿결을 갖기 위하여 층을 내거나 웨이브를 주어 헤어스타일의 움직임을 부여한다. 모발의 컬러는 6레벨 이하의 구리 빛, 연한 모카와 마호가니 빛을 선호한다.
향수는 이국적인 향을 선호한다.

4) 겨울의 계절

얼굴형은 사각형의 얼굴형으로 견고한 힘을 갖고 있는 형으로 중성적인 매력의 소유자이다.
확고한 개성과 끈기와 인내가 있는 유형으로 각진 의상으로 움직임을 최소화하는 스타일을 선호한다. 의상의 색상은 짙은 청색이나 연한 파란색과 다양한 무채색의 조화를 꾸민다.
보석은 백색이나 회색진주, 에메랄드, 사파이어가 잘 어울리며 안경테의 모양은 광택 없는 은색 테나 금색 테, 하얀 테를 선호한다.
어울리는 헤어스타일은 중간 길이의 헤어스타일과 비대칭형의 아방가르드 한 디자인이 잘 어울리며 6레벨 이하의 밤색과 짙은 적갈색이 돋보이며 자극적인 향의 향수를 선호한다.
이러한 사계절의 색채에 따라서 얼굴형의 형태를 이해하고 성격과 이미지를 파악하여 개성을 표현하므로 남과 다른 나만의 독특한 매력을 어필 할 수 있다.
그러므로 개인에게 어울리는 형태와 색깔들 그리고 다양한 스타일의 이미지를 분석하여 고유한 개성과 아름다움의 매력을 잘 인식한다면 뷰티 산업현장에서 고객에게 제안하고 작업한다면 고객에게 만족한 결과를 얻을 수 있을 것이다.

퍼스널컬러 진단 실제 예시

1. 퍼스널컬러 드레이프 사용 진단예시

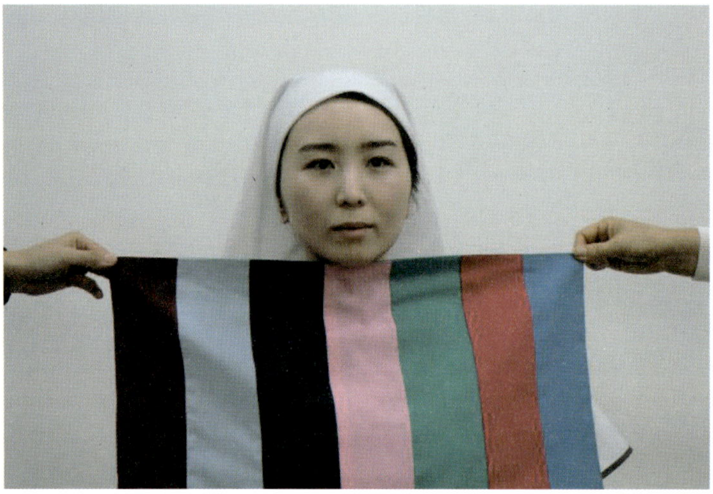

2. 핸드테스트 툴 사용 진단예시

Exercise 2 계절 스크랩 만들기

학습목표

- 계절에 맞는 스크랩를 완성할 수 있다.

1. 준비물

철지난 잡지, 풀, 가위, 2절 우드락(블랙)

2. 트레이닝 가이드

① 4~6인 1조로 팀을 구성하여 중복되지 않게 계절은 분배한다.

② 20분 동안 잡지책에 이미지 중 주어진 계절과 어울리는 색감, 이미지, 헤어, 메이크업, 의상 등을 찾아 자유롭게 배치한다.

③ 완성된 스크랩을 팀별 5분씩 발표한다.

스크랩 작업예시

3. 계절 스크랩 체크리스트

체크사항	상	중	하	기타의견
협동심				
창의력				
표현력				
이해력				
발표력				
주변정리				

4. 컬러 체인지

컬러체인지는 헤어컬러 카테고리 중에서도 가장 고난이도 작업에 속한다.
보색 및 색의 힘를 이해하고 상황에 맞는 탈색(블리치) 기법을 적용할 수 있어야 하며 이는 상담 시 고객에게 충분한 이해력을 줄 수 있어야 한다.

(1) 보색

색상환(Color wheel)에서 서로 대응하는 위치의 색을 말하며, 색상이 다른 두 색의 염료를 혼합 시 무채색이 되는 경우를 말한다. 염색(Coloring)에 있어서 보색의 적용은 고객이 희망하는 컬러가 표현되지 않았을 때 잘못된 색상을 제거하는데 중요한 역할을 한다.
보색이지만 두색이 서로 채도가 다르거나 채도는 동일하지만 직접보색이 아닌 경우, 보색대비가 일어나지 않고 색의 힘이 높은 쪽으로 치우치게 된다.

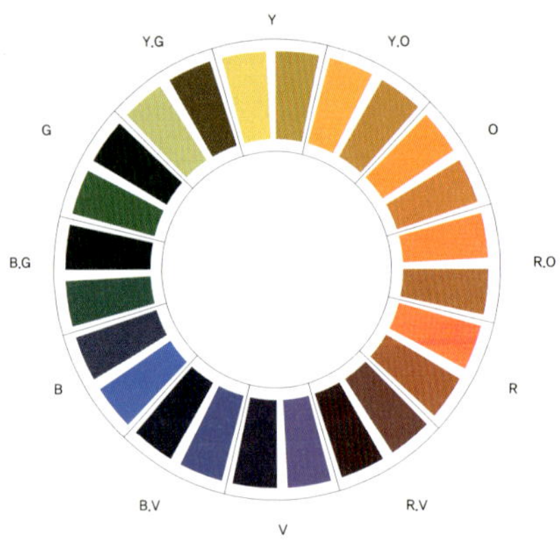

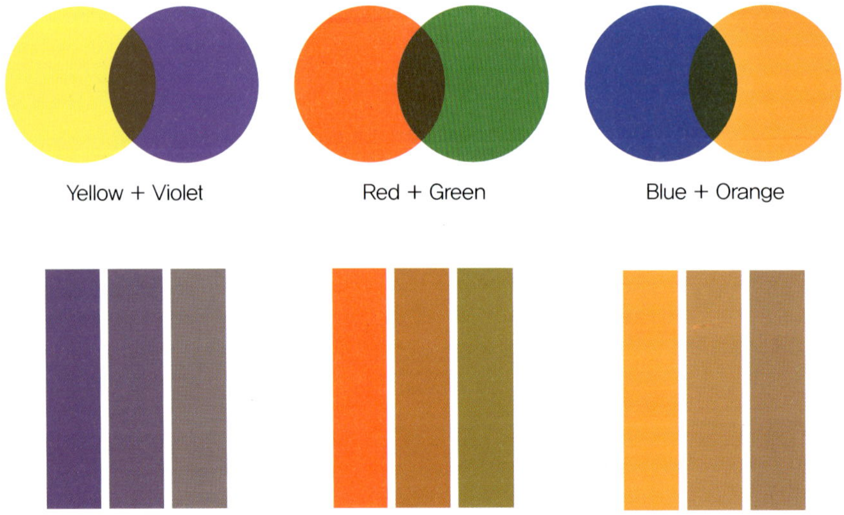

보색적용 예시

(2) 색의 힘

색은 저마다의 힘을 가지고 있고 옅은 색에서 짙은 색으로 힘의 강도가 표현된다.

1차색인 빨간색, 노란색, 파란색과 2차색인 오렌지색, 초록색, 보라, 그리고 무채색인 검정을 유사계열로 나누어 순서대로 나열하면 다음과 같다.

난색계를 먼저 살펴보면, 옐로우 → 오렌지 → 레드 → 바이올렛 → 블랙 순으로 색의 힘이 강해지는 것을 볼 수 있고, 한색계는 옐로우 → 그린 → 블루 → 바이올렛 → 블랙 순으로 움직이는 것을 볼 수 있다. 이렇듯 색상이 옅은 색에서 짙은 색으로 움직이는 것을 색의 순방향이라 하며, 반대로 힘이 높은 곳에서 낮은 곳으로 움직이는 것을 색의 역방향이라 한다.

순방향의 컬러체인지는 별도의 사전작업 없이 쉽게 체인지가 가능하지만 역방향의 컬러체인지는 반드시 클렌징(Cleansing)작업을 거친 후 희망색으로 작업이 가능하다.

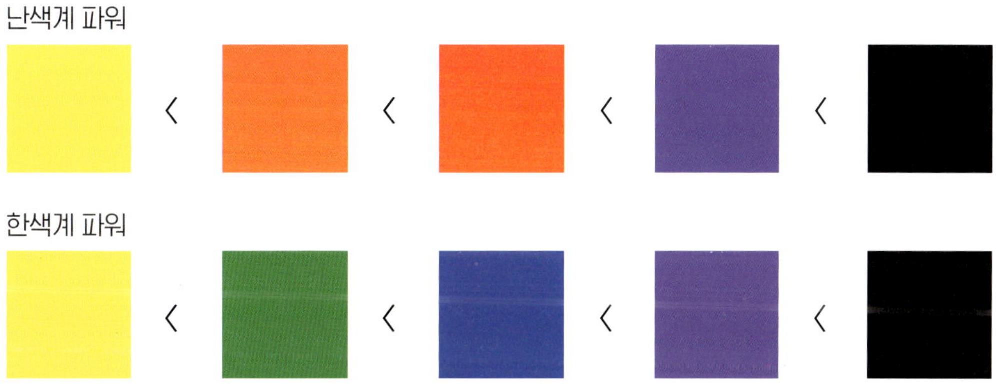

보색적용 예시

(3) 컬러 체인지 기법

1) 색소제거 기법

① 샴푸 블리치(Shampoo bleach)

현재의 모발 색조가 어둡거나 희망색보다 짙은 색으로 염색되어 있는 경우, 색소를 제거하기 위한 목적으로 사용되며, '샴푸 블리치' 또는 '클렌징(Cleansing)'이라 한다.

약제(탈색제 10g + 온수 10cc + 샴푸 10ml + 산화제 6% 10ml(1 : 1 : 1 : 1)를 모발에 도포 후 5~20분 정도 색소가 제거될 때까지 부드럽게 에멀전 후 세척(샴푸+컨디셔너)한다. 손상이 많은 모발은 온수 대신 액상 타입의 클리닉제를 혼합하여 조제하면 효과적이다.

TIP

'샴푸 블리치', 온수를 사용하는 이유는?

온수가 알칼리 활성화를 도와서 혼합을 용이하게 하고 냄새를 빠르게 휘발 시킬 수 있다.

② 프리 블리치(Pre bleach)

샴푸 블리치 후 잔여색소를 제거하거나 1-2레벨의 명도조절이 필요한 경우 두 번째 단계에서 사용하는 기법으로 '프리 블리치' 또는 '애벌탈색'이라 한다.

약제(탈색제10g + 산화제 40~60g(1 : 4~6)를 모발에 적용 후 색소가 제거 될때까지 5~30분정도 방치 후 세척(샴푸 + 컨디셔너)한다.

③ 기본 블리치(Bleach)

컬러체인지 시 사용할 수 있는 클렌징기법 중 가장 강한 파워의 탈색(블리치) 기법으로 '기본 블리치' 또는 '딥 클렌징(Deep cleansing)'이라 하며 명도조절이 목적이다.

약제(탈색제10g + 산화제 10~30g(1 : 1~3)를 모발에 적용 후 20~30분 정도로서 색조가 제거될 때까지 방치 후 세척(샴푸+컨디셔너)한다.

산화제는 3%(10vol), 6%(20vol), 9%(30vol) 모두 사용이 가능하며 산화력이 높은 산화제로 약제 제조 시 손상이나 얼룩이 발생할 수 있으니 수시로 체크하여야 한다.

2) 체인지(Change) 기법

① 혼합법

가장 보편적으로 사용하는 방법으로 클렌징 작업 후 얼룩이나 잔여색소가 많이 남아있지 않을 시 사용할 수 있다. 약제는 보색과 희망색을 1 : 1로 혼합하여 사용하며 방치시간은 20~30분으로 한다. 색상 체인지가 완료되면 테스트(Test) 후 세척(샴푸 + 컨디셔너)한다.

② 선착법

클렌징 작업 후 모발에 얼룩이 많이 발생했거나 보다 확실한 컬러 체인지를 희망하는 경우 사용하는 기법으로 총 2회에 나누어 작업한다.

1차 약제(보색 + 온수(1 : 1)를 도포, 10분방치 후 수건으로 닦아내고 바로 2차 약제(희망색 + 산화제(1 : 1)로 리터치 한 후, 20~30분 정도 지나 색상 체인지가 완료되면 테스트(Test) 후 세척(샴푸 + 컨디셔너)한다.

Exercise 3 컬러 체인지 실습

학습목표

- 블랙, 레드, 매트컬러를 알맞은 클렌징 기법과 보색을 활용하여 자연스러운 갈색을 만들 수 있다.

1. 준비물

4레벨 피스, 반영구 염모제(Red, Yellow, Blue), 탈색제, 산화제6%, KP 5/0(흑색), 8/2(매트), 8/45(레드), 7/00(브라운), 호일, 전자저울, 염색볼, 염색붓, 수건, 드라이기

2. 실습 순서

1. 4레벨 피스를 약 2cm폭으로 잘라 3개를 준비하고 호일위에 놓는다.

2. 반영구 염모제(빨간색), 반영구 염모제(초록 : 노란색+파란색(1 : 1), KP5/0(흑색)을 각 각 5g씩 다른 염색볼에 담아 준비한다.

3. 모근부 2cm를 띄우고 KP5/0(흑색), 반영구 염모제(빨간색), 반영구 염모제(초록색 – 노란색 + 파란색(1 : 1)을 각각 앞뒷변을 골고루 도포한다.

4. 30분 후 세척(샴푸 + 컨디셔너)하고 드라이기로 건조한다.

5. 샴푸 블리치(탈색제 10g + 온수 10cc + 샴푸 10ml + 산화제6% 10ml(1 : 1 : 1 : 1)를 제조하여 1차 염색부위 보다 모근부 쪽으로 2cm 오버랩하여 골고루 도포한다.

6. 5~20분 정도로서 색소가 제거될 때까지 부드럽게 에멀전 후 세척(샴푸 + 컨디셔너)하고 드라이기로 건조한다.

7. 모근부 2cm 샴푸블리치를 작업한 부위는 7/00을 도포하고, 모발길이는 보색 을 도포하여 20~30분방치 후 세척(샴푸 + 컨디셔너)한다.

※ 보색처리방법 : 붉은색 기운 → 8/2(매트) 사용
초록색 기운 → 8/45(레드) 사용

8. 드라이기로 건조 후 마무리한다.

3. 트레이닝 가이드

① 4인 1조로 팀을 구성하여 실습을 진행한다.

② 실습순서를 명확히 인지시킨다.

③ 약액 제조 시 반드시 전자저울을 사용하도록 한다.

④ 각 팀별로 결과색을 공유하며 느낀 점을 공유하도록 한다.

4. 컬러체인지 체크리스트

체크사항	상	중	하	기타의견
협동심				
이해도				
작업시간				
주변정리				

5. 파스텔컬러 만들기

파스텔컬러(Pastel color)는 이탈리아어 파스텔로(Pastello)에서 유래한 말로 부드러운 중간색을 말하며, '밝은(Light) · 아주 연한(Very pale)'톤을 가진 색상을 뜻한다.

PCCS톤표에서 pale, light, soft등의 색조가 여기에 속한다.

파스텔톤 색조는 부드럽고 온화하며, 로맨틱하며 신비로움 이미지를 가지고 있어 선호도가 높은 색상 중 하나이다.

유 멜라닌의 함유량이 높은 동양인의 모발에서 파스텔컬러의 표현은 쉽지 않다. 먼저 자연색소를 제거 하는 클렌징 작업이 수차례 선행되어야 하며 그 후 채도가 낮은 희망색으로 염색작업에 들어간다. 파스텔컬러 연출은 클렌징 작업과 사후 유지력이 가장 중요하다.

(1) 언더 톤 제거 하기

1) 보색샴푸 활용

블론드헤어(Blond hair)를 연출하기 위해 자연멜라닌을 제거하는 과정에서 수차례 탈색작업을 거치다 보면 입자가 작은 옐로우 색소가 쉽게 분해되지 않는 고충이 발생한다. 이러한 경우, 탈색 횟수 및 산화제 농도를 증가시키거나 열처리 기구를 사용하게 되는데 이는 모두 손상을 가중시키는 원인이 된다.
보색샴푸는 탈색과정을 최소화 하고, 희망하는 파스텔 색상의 유지력을 증대시키기 위한 좋은 방법이다.

① 보색샴푸 만들기

- 반영구 염모제 활용보색을 활용하는 방법으로 반영구 염모제(보색)과 샴푸를 1:3의 비율로 혼합하여 도포 후 5~10분 에멀전 후 세척(샴푸 + 컨디셔너)하는 방법이다.

> **ex**
>
> – 옐로우 제거를 위한 레시피
> 반영구 염모제 바이올렛(Violet)과 샴푸를 1 : 3의 비율로 혼합하여 도포 후 5~10분 에멀전 후 세척 (샴푸 + 컨디셔너)
>
> – 오렌지색 제거를 위한 레시피
> 반영구 염모제 블루(Blue)와 샴푸를 1 : 3의 비율로 혼합하여 도포 후 5~10분 에멀전 후 세척 (샴푸 + 컨디셔너)

- 영구 염모제 활용보색을 활용하는 방법으로 영구 염모제(보색) 6레벨과 샴푸, 3% 산화제를 1 : 1 : 1 비율로 혼합하여 도포 후 5~10분 에멀전 후 세척(샴푸 + 컨디셔너)하는 방법이다.

> ex
>
> – 옐로우 제거를 위한 레시피
> 영구 염모제 6레벨의 바이올렛(Violet)과 샴푸, 3% 산화제를 1 : 1 : 1 비율로 혼합하여 도포 후 5~10분 에멀전 후 세척(샴푸 + 컨디셔너)
>
> – 오렌지색 제거를 위한 레시피
> 영구 염모제 6레벨의 블루(Blue)와 샴푸, 3% 산화제를 1 : 1 : 1 비율로 혼합하여 도포 후 5~10분 에멀전 후 세척(샴푸 + 컨디셔너)

2) 필러색(Filler) 활용

믹싱은 희망색에 필러색을 10~30%를 혼합하여 사용하는 방법이다.
이때 사용되는 필러색은 희망색의 보색을 사용하며, 추가시간 없이 희망색을 쉽게 연출 할 수 있는 장점이 있다.

① 산성염모제 활용

- 옐로우 제거를 위한 레시피
  반영구 염모제 희망색에 바이올렛(Violet)을 10~30% 혼합하여 도포 후 20~30분 에멀전 후 세척(샴푸 + 컨디셔너)
- 오렌지색 제거를 위한 레시피
  반영구 염모제 희망색에 블루(Blue)를 10~30% 혼합하여 도포 후 20~30분 에멀전 후 세척(샴푸 + 컨디셔너)

② 영구 염모제 활용

- 옐로우 제거를 위한 레시피
  영구 염모제 희망색에 동일레벨 바이올렛(Violet)을 10~30% 혼합하여 도포 후 20~30분 에멀전 후 세척(샴푸 + 컨디셔너)
- 오렌지색 제거를 위한 레시피
  영구 염모제 희망색에 동일레벨 블루(Blue)를 10~30% 혼합하여 도포 후 20~30분 에멀전 후 세척(샴푸 + 컨디셔너)

TIP

착색력을 높이기 위해서는 1차 선착 시 3%(10vol) 산화제를 혼합사용 하기도 한다.

예시 1차 : 희망색 + 온수 + 3%(1 : 1 : 1) - 10분
2차 : 희망색 + 6%(1 : 1) - 2~30분

(2) 롱 라스팅(Long lasting) 기법

블론드헤어(Blond hair)에서의 색상 연출은 표현도 어렵지만 그 색상의 유지력 또한 중요 관건이다. 특히 파스텔컬러와 같은 저채도의 색상은 평균 유지력이 1~2주를 넘지 못한다.
색상을 길게 유지 시킬 수 있는 롱라스팅(Long lasting) 기법을 올바르게 익혀 적용한다면 고객의 만족도를 증대시킬 수 있다.

1) 프리 피그멘테이션(Pre-Pigmentation)

프리 피그멘테이션은 탈색모발이나 퇴색모발에 미리 염모제를 침투시켜 보다 확실하게 착색시키는 방법으로 애벌염색 또는 선착법이라 한다.

다음과 같은 경우 활용가능하다.

- 알칼리 등으로 손상되어 밝아져 있는 경우
- 탈색 후 컬러 작업을 할 경우
- 기염부가 심하게 퇴색되어 있는 경우
- 디자인 컬러 작업으로 인해 부분적으로 밝아진 경우
- 백모커버 시 커버력을 증대시키기 위한 경우

작업방법은 이중 절차 염색(Two-step tints)으로 진행되며, 단일 염색 과정(One-step tints)에 비해 추가시간이 많지 않은 것이 가장 큰 장점이다.

상세 염색과정은 1차 선착과 2차 본 염색으로 진행된다.

- 1차 선착은, 희망색과 온수를 1:1 비율로 혼합하여 선착이 필요한 부분에 도포하고 10분 방치 후 수건으로 닦아낸다. 이때, 모발을 많이 비비거나 닦아내는 과정에서 소요되는 시간이 너무 길어지지 않도록 주의한다.
- 2차 본염색은, 희망색과 산화제6%(20vol)를 1:1 비율로 혼합하여 덧 도포 후 20~30분방치 후 에멀전하여 세척(샴푸+컨디셔너) 하는 것으로 마무리한다. 2차 본 염색 작업 시 불필요한 빗질이나 과도한 핸들링은 피하도록 한다.

2) 컬러 리필(Color refill)

컬러 리필은 작업일로부터 14일 이내에 다시 한 번 희망색을 보충해 주는 리터치 방법으로 이전 작업 컬러(희망색)에 저 농도의 산화제와 트리트먼트를 동일 비율로 혼합하여 작업하는 것이 특징이다. 손상된 기염부에 낮은 손상과 높은 유지력을 목적으로 한다.

ex 희망색(이전 작업컬러) + 산화제 3%(10vol) + 트리트먼트 (1 : 1 : 1 – 20분)

Exercise 4 파스텔 컬러(애쉬, 블루, 바이올렛) 만들기 실습

학습목표

- 최소한의 탈색과 보색샴푸를 활용하여 파스텔 컬러를 연출 할 수 있다.

1. 준비물

4레벨 피스, 반영구 염모제(Red, Blue), 탈색제, KP 6/11, 6/88, 6/6, 클리어, 산화제6%, 9%, 샴푸, 컨디셔너, 호일, 전자저울, 염색붓, 브러시, 수건, 드라이기

2. 실습 순서

1. 4레벨 피스 3개를 약 2cm폭으로 호일위에 올려 놓는다.
2. 탈색제와 9% 산화제를 기본 블리치(1 : 2) 비율로 제조하여 모근부 2cm를 남기고 골고루 도포한다.

3. 30분 후 세척(샴푸 + 컨디셔너)하고 드라이기로 건조한다.
* 이 과정을 2회 반복한다.

4. 반영구 염모제(빨간색, 파란색), 샴푸제를 이용하여 보색샴푸를 제조한다.
혼합비율은 반영구 염모제(Red + Blue = 1 : 1) + 샴푸를 1 : 3 비율로 한다.

5. 만들어진 보색샴푸를 모발에 바른 후, 5~10분 부드럽게 에멀전 후 세척(샴푸)한다.

6. 영구 염모제 KP6/11(애쉬), 6/88(블루), 6/6(바이올렛), 클리어(투명)을 이용하여 파스텔 바이올렛, 파스텔 블루, 파스텔 그레이색을 조색한다.
조색 비율은 희망색과 클리어를 1 : 1비율을 기준으로 자유롭게 혼합한다.
골고루 도포 후 30분 후 세척(샴푸 + 컨디셔너)한다.

TIP 여기서 잠깐!

고명도/저채도 염모제를 직접적으로 사용하지 않고 저명도/고채도의 염모제를 혼합사용 하는 이유는 낮은 알칼리 파워로 손상을 최소화하기 위함이다.

7. 드라이로 건조 후 결과색을 확인한다.

3. 트레이닝 가이드

① 4인 1조로 팀을 구성하여 실습을 진행한다.
② 실습순서를 명확히 인지시킨다.
③ 약액 제조 시 반드시 전자저울을 사용하도록 한다.
④ 각 팀별로 결과색을 공유하며 혼합비율에 따른 차이점을 공유하도록 한다.

4. 파스텔컬러 만들기 체크리스트

체크사항	상	중	하	기타의견
협동심				
이해력				
창의력				
작업시간				
주변정리				

6. 호일워크(Foil work)

호일워크(Foil work)는 염색 시 호일을 이용하여 디자인 및 배색을 하는 작업을 말한다.
호일워크를 적용한 컬러링은 일반적인 원 컬러(One color)를 적용한 결과에 비해 여러 장점을 가진다.

첫 번째, 평면적인 스타일에 입체감을 부여할 수 있다.
두 번째, 적은 범위에서도 큰 효과를 기대할 수 있다.
세 번째, 홈 컬러(Home color)와의 차별화를 확실히 할 수 있다.
네 번째, 맞춤형 서비스로 인해 매출 상승에도 기여할 수 있다.

(1) 디자인 존(Design zone) 명칭과 역할

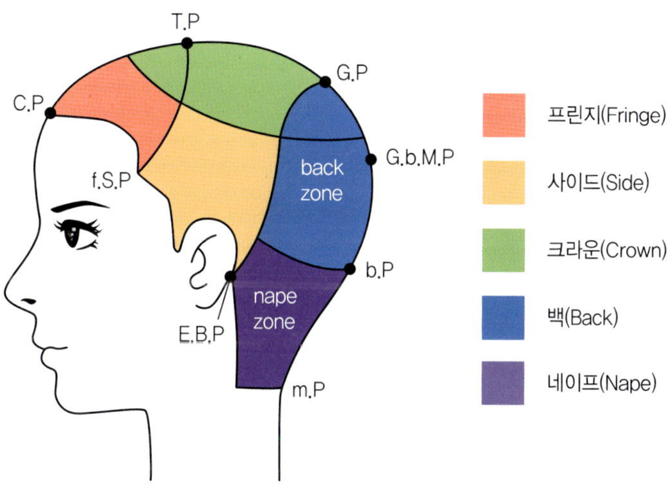

디자인 존 색상 / 명칭	위치	디자인적용 시 효과
레드 / 프린지(Fringe)	T.P ~ F.S.P 사이의 영역, 앞머리(Bang)	인상, 이미지
노란색 / 사이드(Side)	F.S.P ~ E.B.P 사이의 영역	측면 실루엣의 흐름 컨트롤
초록색 / 크라운(Crown)	C.T.M.P ~ G.B.N.P 사이의 영역	두상의 볼륨감 관여
파란색 / 백(Back)	G.P ~ B.P 사이의 영역	무게감, 흐름 컨트롤
보라 / 네이프(Nape)	디자인 시작지점	

(2) 파팅

1) 가로 파팅

각도와 무관한 작업시 사용, 좌우 밸런스 조절이 용이

2) 세로 파팅

샤프한 직선적인 질감 연출 희망 시 사용

3) 사선 파팅

흐름형성이나 방향감 연출 희망 시 사용

4) V-파팅

방향감 없이 자연스러운 연출 희망 시 사용

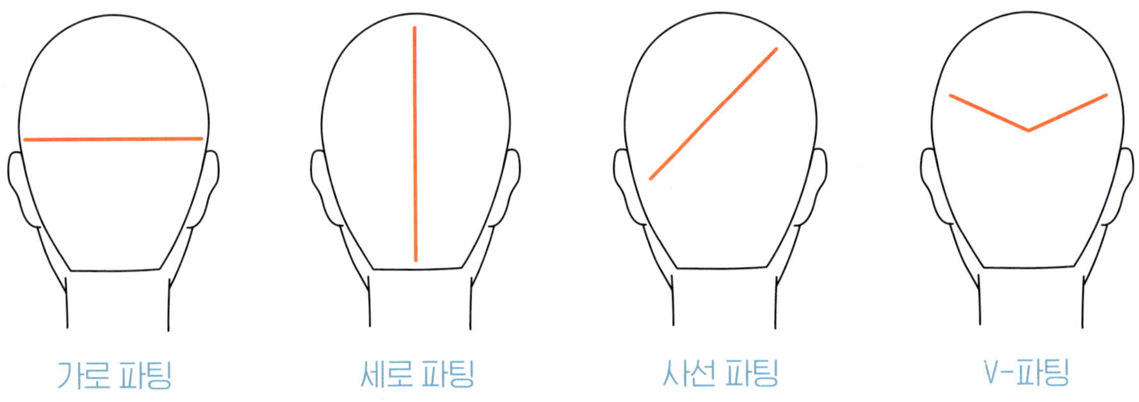

(3) 호일워크 실제

1) 섹셔닝

호일워크 시 정확한 섹셔닝은 효율적인 호일워크를 위해 사전에 구획을 나누는 작업으로 원하는 결과연출을 얻기 위한 중요한 작업이다. 커트형태나 스타일링 방법에 따라 다양한 형태로 변경될 수 있으며 크게는 3가지 형태의 섹셔닝으로 나뉜다.

첫 번째

커트형태가 단차가 많거나 율동감이 있는 스타일링 연출시 주로 풀 헤드(Full head)섹션으로 호일워크를 진행한다. 풀 헤드(Full head)섹션은 네이프부터 프린지까지 전체모발에 호일워크를 적용하는 것을 말하며, 가장 많은 시간이 소요되는 작업이다. 주로 4~12개까지의 섹션을 활용하며, 호일은 40~100개까지의 개수를 사용한다.

두 번째

커트형태가 단차가 없거나 정적인 스타일링 연출 시에는 하프헤드(Half head)섹션으로 호일워크를 진행하는데, 하프 헤드(Half head)섹션은 양쪽 F.S.P~G.P를 연결하여 그 부분에만 호일워크를 진행하는 방법이다. 단차가 없는 모발은 하프 헤드(Half head)섹션만으로도 전체모발에 디자인효과를 얻을 수 있는 이점이 있다.

세 번째

단조로울 수 있는 커트형태나 스타일링 형태에서 포인트 효과를 주고자 할 때 사용하는 섹션으로 파샬 헤드(Partial head)섹션이다.

호일을 10장미만을 사용하여 작업하는 간단한 방법으로 작업시간대비 표현력이 높은 것이 특징이다.

풀 헤드(Full head)섹션 예시

4등분 블로킹 예시

정중선을 기준으로 E.T.E~T.P를 지나는 파팅으로 4등분으로 나눈다.

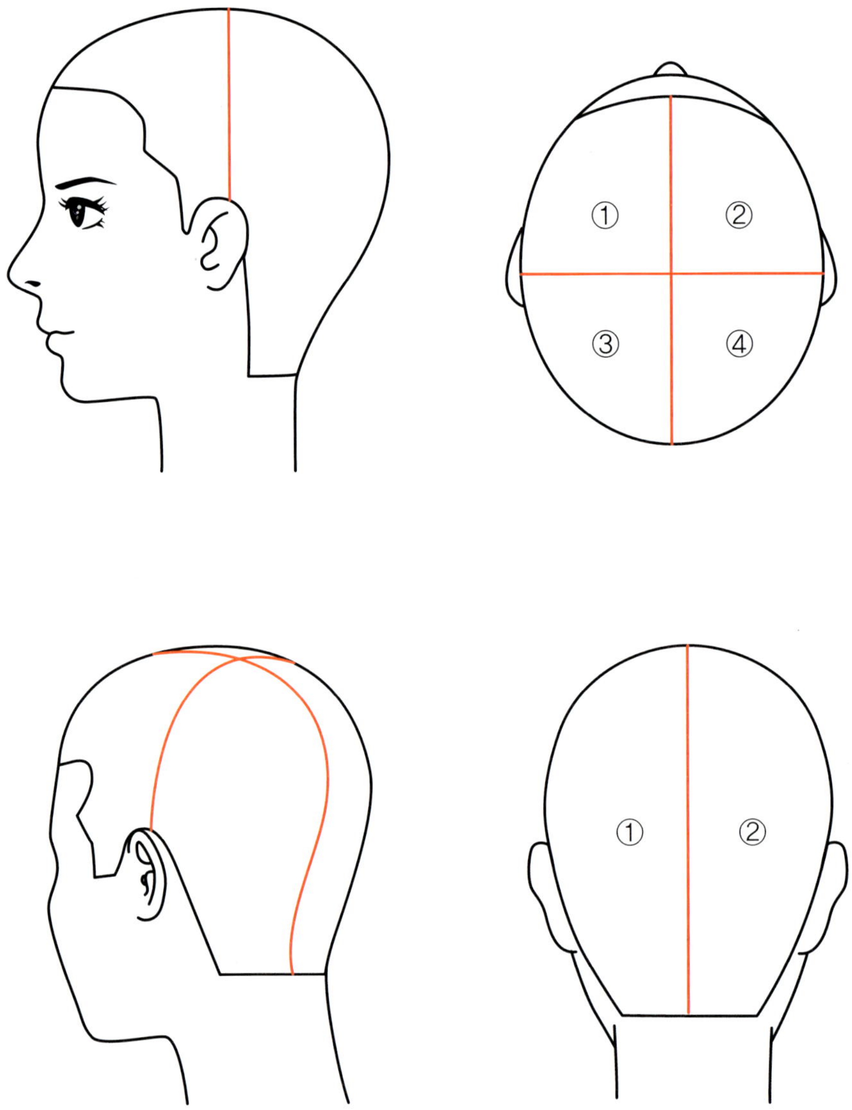

5등분 블로킹 예시

정중선을 기준으로 E.T.E~T.P를 지나는 파팅으로 사이드를 나누고 후두부는 3등분으로 나눈다.

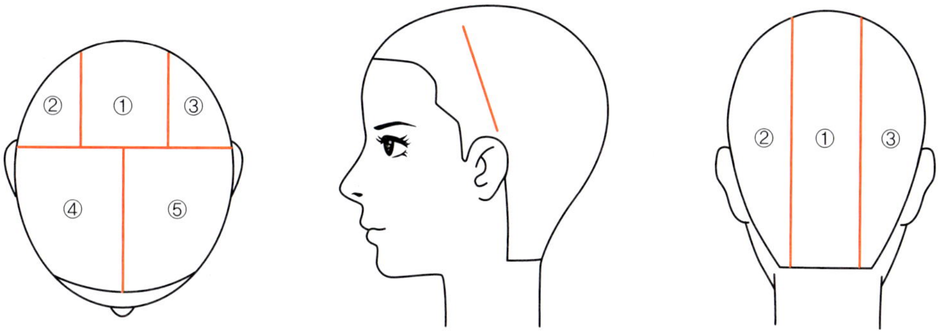

6등분 블로킹 예시

- 프린지는 C.P를 기준으로 좌우 3cm씩 가로 약6cm, 높이 약5cm로 하여 섹셔닝 한다.
- 사이드는 정중선을 기준으로 E.T.E~T.P를 지나는 파팅으로 나눈다.
- 후두부는 3등분한다.

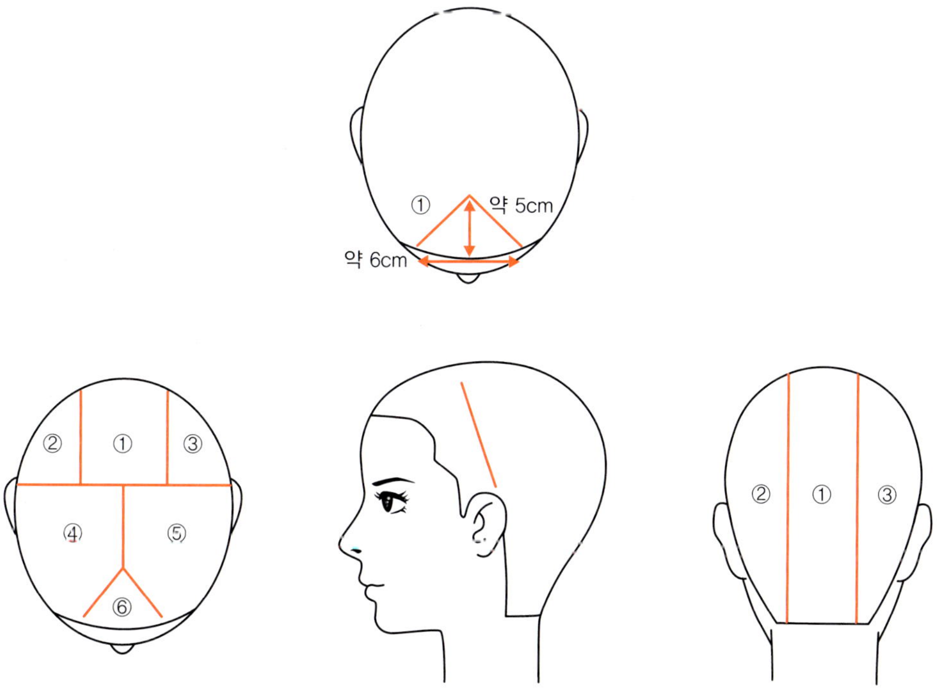

8등분 블로킹 예시

- 프린지는 삼각섹션으로 하고 삼각형의 크기는 C.P를 기준으로 좌우 3cm씩 가로 약6cm, 높이 약5cm로 하여 섹셔닝 한다.

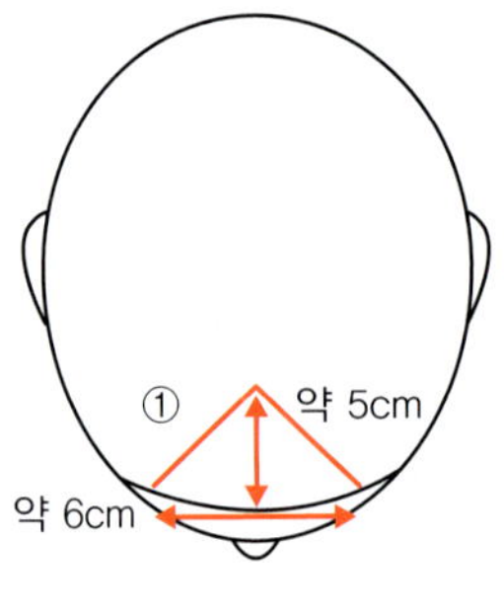

- 사이드는 T.P~E.P를 이어 우측과 좌측을 섹셔닝 한다.

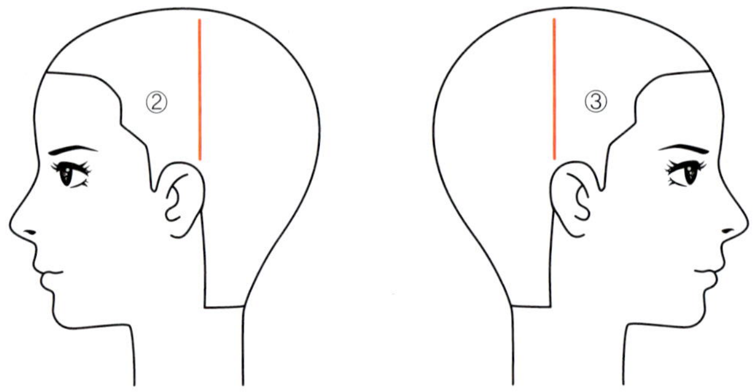

- 후두부는 언더존 2등분, 미들존 2등분하여 총 5등분으로 나누어 섹셔닝 한다.

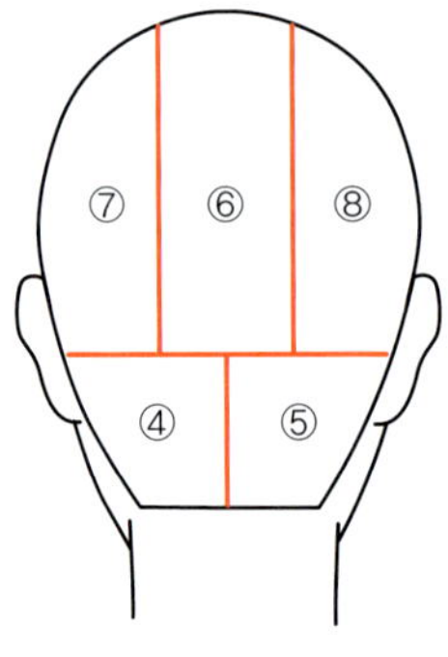

12등분 블로킹 예시

- 프린지는 c.p를 기준으로 가로 폭은 좌측 각 3cm 씩 6cm, 높이는 3cm의 폭으로 섹셔닝 한다.
- 사이드는 T.P~E.P를 이어 우측과 좌측을 섹셔닝 한다.
- 후두부는 언더 존 2등분, 미들 존 3등분, 탑 존2등분하여 총 7등분으로 나누어 블로킹 한다.

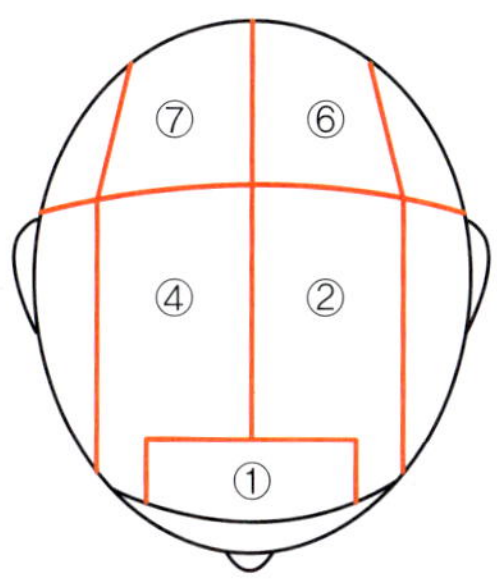

프린지 부분의 섹션 나누기

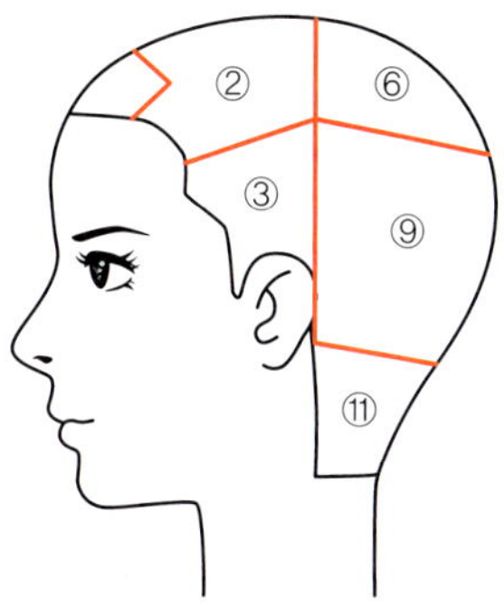

사이드 부분의 섹션 나누기

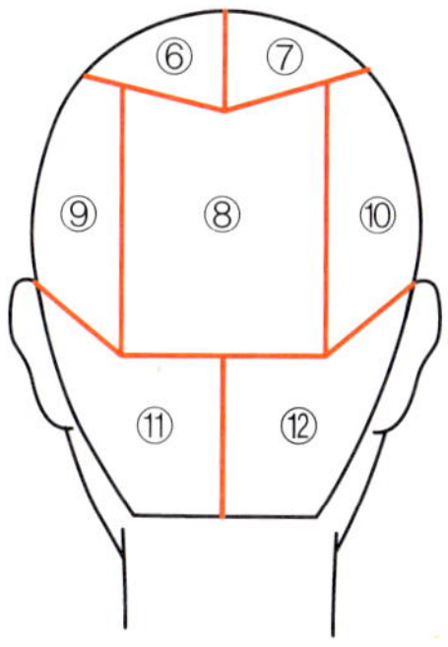

백 부분의 섹션 나누기

Exercise 5 풀헤드(Full Head) 호일워크(Foil work) 블로킹 실습

1. 준비물

가발, 꼬리빗, 핀셋, 홀더, 호일

2. 8등분 블로킹 실제 예시

앞

뒤

좌

우

3. 트레이닝 가이드

① 1인 1가발로 실습을 진행한다.

② 4등분부터 12등분까지 1번 이상씩 블로킹 해본다.

③ 블로킹 시간은 각 등분 당 5~7분을 넘지 않도록 하다.

4. 호일워크 블로킹 체크리스트

체크사항	상	중	하	기타의견
정확도				
작업시간				
주변정리				

2) 호일 접기

1. 왼손에 호일을 올리고 호일 상단 1cm 부위에 꼬리빗을 가져다 놓는다.

2. 왼손의 엄지가 호일을 잡아 고정해주고 상단 1cm부위를 접는다.

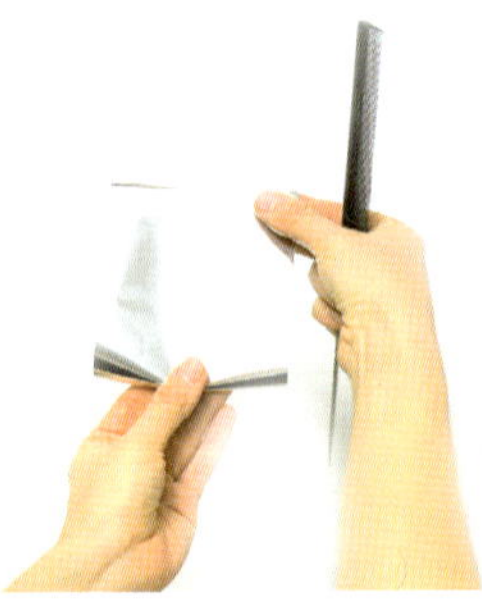

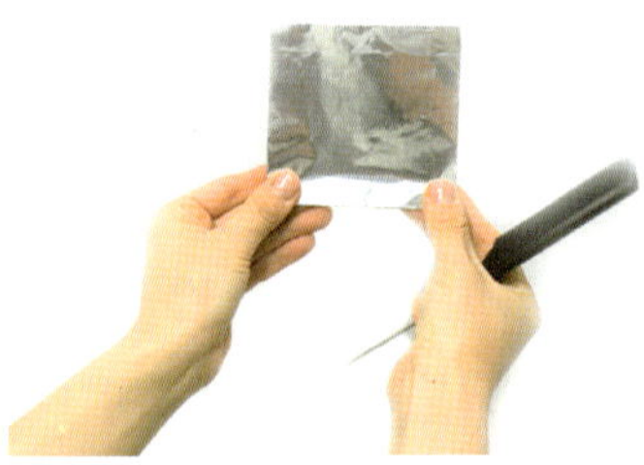

3. 호일을 1/2 크기로 접는다. 이때 가운데 접히는 부분이 너무 세게 눌리지 않도록 주의한다.

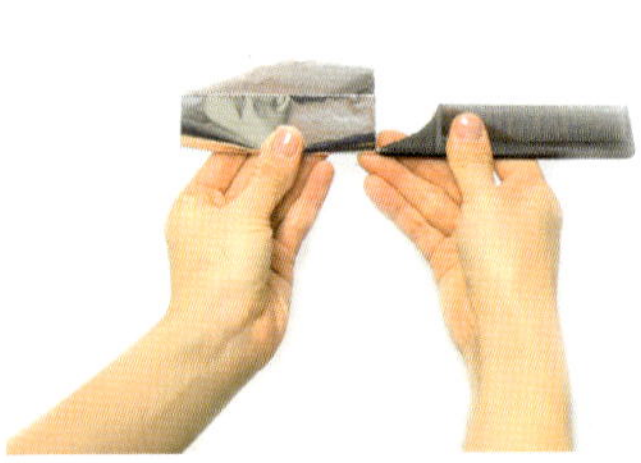

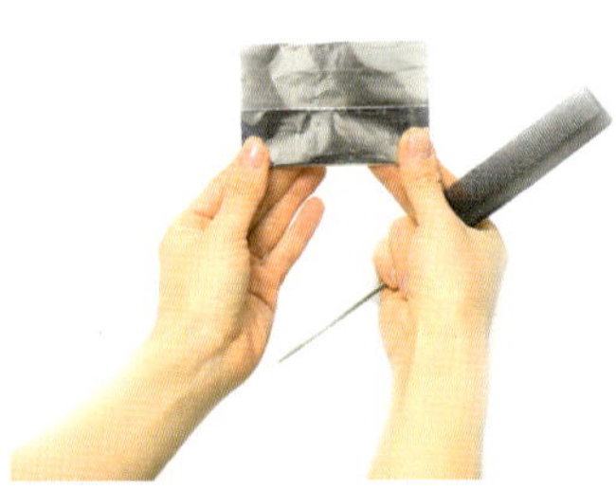

4. 꼬리빗 끝을 이용하여 호일 하단의 1/3 부위를 한 번 더 접어 올려주고 엄지로 고정한 후 꼬리빗을 빼낸다.

5. 사이드 부분을 꼬리빗 빗살을 이용하여 1cm씩 접는다.

6. 반대쪽도 동일한 방법으로 진행한다.

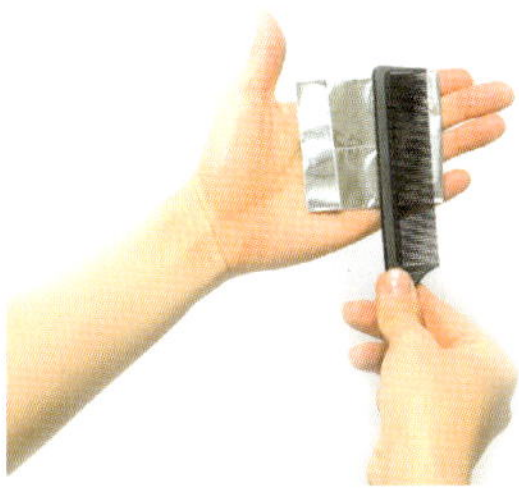

7. 꼬리빗 빗살의 측면을 이용하여 가볍게 눌러주어 깔끔하게 마무리한다.

8. 완성

3) 호일 테크닉

① 슬라이싱(Slicing)

슬라이싱은 모발을 일정량 얇게 떠내어 그 면의 색을 변화시키는 호일기법으로 움직임을 주거나 색감을 강조할 때 사용할 수 있다.

가로 슬라이스는 면을, 세로 슬라이스는 선을 표현할 수 있어 파팅의 영향을 받는 것이 특징이다. 슬라이싱의 두께가 두꺼워 질수록 색상이 강조되며, 슬라이싱의 두께가 얇아질수록 자연스럽게 연출된다.

곱슬기 있는 모질이나 두께감 있는 모발에 효과적이다.

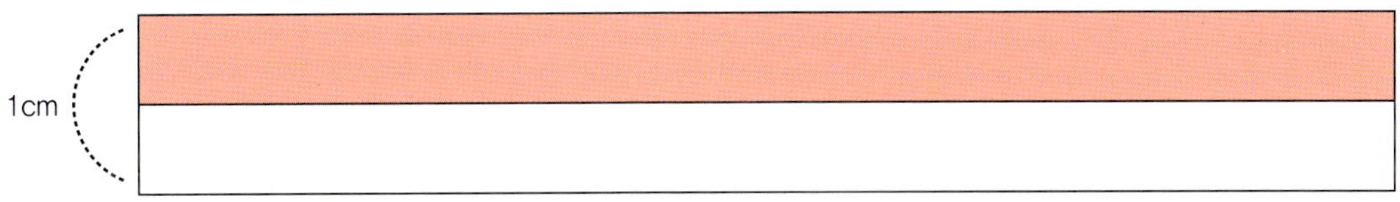

Exercise 6 풀헤드(Full Head) 호일워크(Foil work) 슬라이싱 실습

학습목표

- 슬라이싱 기법을 풀헤드(Full Head) 호일워크(Foil work)에 적용할 수 있다.

1. 준비물

가발, 호일, 꼬리빗, 염색볼, 염색붓, 약제, 핀셋(U핀), 수건, 장갑, 드라이기, 샴푸, 컨디셔너, 전자저울

2. 트레이닝 가이드

① 1인 1가발로 실습을 진행한다.

② 실제 염모제/탈색제를 활용한다.

③ 호일워크 작업 전 블로킹이 올바른지 체크한다.

④ 네이프부터 작업이 진행될 수 있도록 가이드 한다.

⑤ 작업이 끝나면 서로 결과물을 공유하며 피드백 한다.

3. 호일워크 블로킹 체크리스트

체크사항	상	중	하	기타의견
정확한 블로킹				
호일워크 자세				
호일 배열				
호일링 완성도				

4. 실습 방법

1. 작업은 네이프에서 탑, 사이드에서 프린지 순으로 진행한다. 1cm폭을 가로로 슬라이스 한다.

2. 그 판넬을 다시 1/2로 나눈 후 상단 슬라이스만 잡는다.

3. 호일 상단 1cm를 꼬리빗을 이용하여 인으로 접이주고 모근 가까이 흘러내리지 않도록 텐션을 준 후, 왼손으로 모발을 고정한다.

4. 모근에서 약 1cm정도 떨어진 부분부터 약액을 골고루 도포한다.

5. 호일을 1/2으로 접어준다.

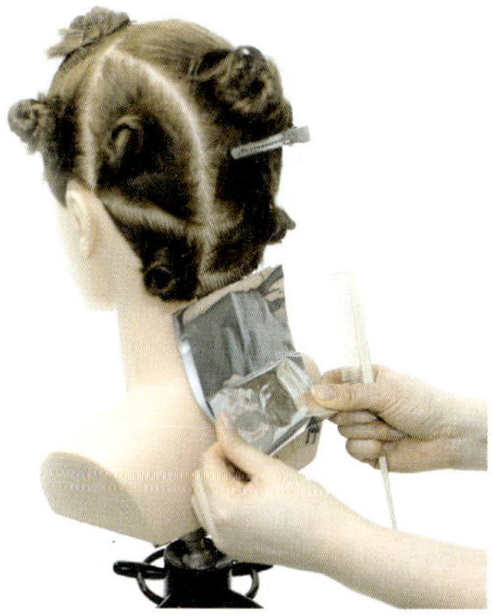

6. 하단 1/3을 더 접어준다.

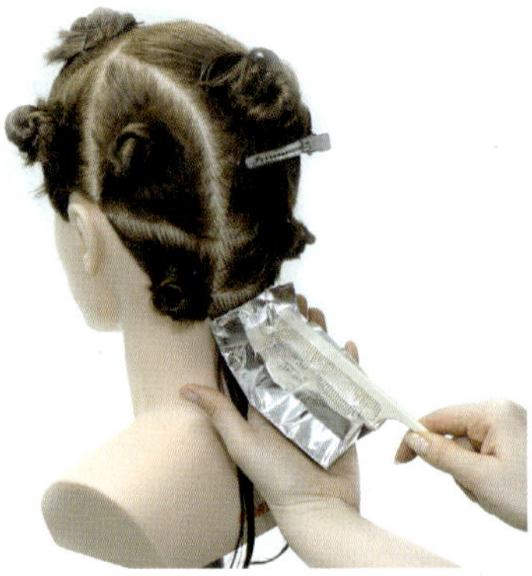

7. 호일의 양 사이드를 꼬리빗을 이용하여 안쪽으로 1cm정도 접어준다.

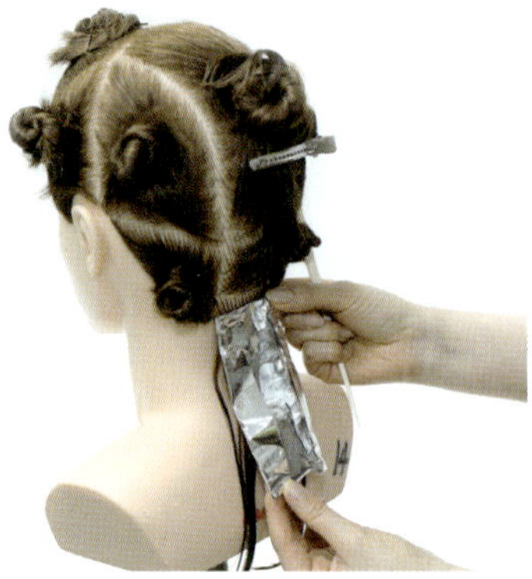

8. 위 순서를 동일하게 적용하여 전체를 완성한다.

9. 언더 존(Under zone) 완성

10. 미들 존(Middle zone) 완성

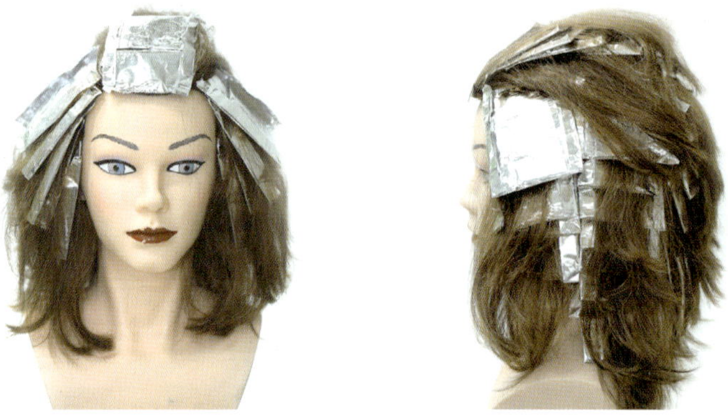

11. 사이드 존(Side zone), 프린지 존(Fringe zone) 완성

5. 실습 결과

before

after

앞

옆

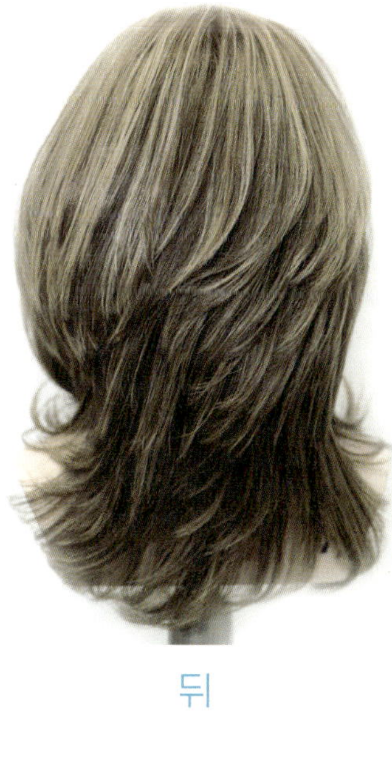

뒤

6. 슬라이싱 응용

사선 슬라이싱

흐름형성을 목적으로 할 때 사용

• 적용 예시 : 사이드(Side), 프린지(Fringe) 부위에 흐름 형성

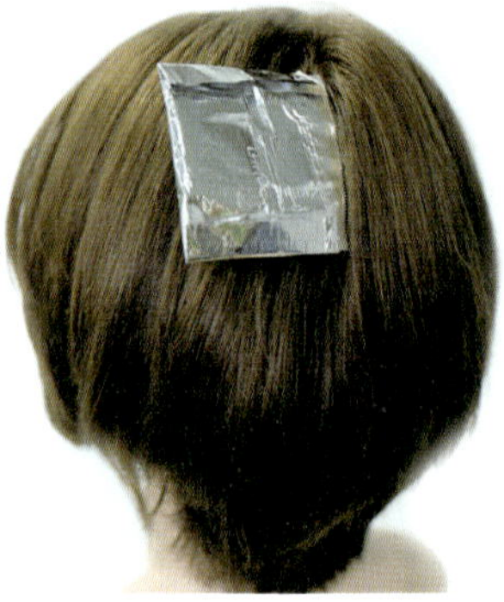

세로 슬라이싱

적용결과가 면보다 선의 느낌을 목적으로 할 때 사용

• 적용 예시 : 스트레이트 스타일, 선이 강조되는 커트 스타일

2) 위빙(Weaving)

모발을 일정량 슬라이스하여 다시 뜨개질 하듯 떠내어 색을 변화시키는 호일기법이다. 명도, 색상, 채도의 동화를 조절할 수 있다.

위빙의 칩(Chip) 크기나 피치(Pitch)에 따라 강약 조절이 가능한 것이 특징이다.

칩(Chip)이 크고 피치(Pitch)가 좁을수록 강조되어 보이고, 칩(Chip)이 작고 피치(Pitch)가 넓을수록 동화되어 보인다. 가는 모질이나 웨이브 모발에 효과적이다.

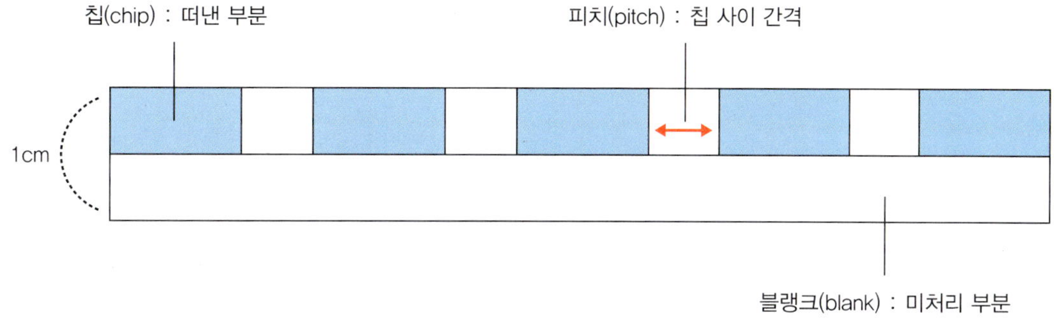

동화효과(가는 위빙)의 예시

강조효과(굵은 위빙)의 예시

Exercise 7 풀헤드(Full Head) 호일워크(Foil work) 위빙 실습

학습목표

- 위빙 기법을 풀 헤드(Full Head) 호일워크에 적용할 수 있다.

1. 준비물

가발, 호일, 꼬리빗, 염색볼, 염색붓, 약제, 핀셋(U핀), 수건, 장갑, 드라이기, 샴푸, 컨디셔너, 전자저울

2. 트레이닝 가이드

① 1인 1가발로 실습을 진행한다.

② 실제 염모제/탈색제를 활용한다.

③ 호일워크 작업 전 블로킹이 올바른지 체크한 다.

④ 네이프부터 작업이 진행될 수 있도록 가이드한다.

⑤ 위빙 작업 시 칩(Chip)간격이 균일한지 체크한다.

⑥ 작업이 끝나면 서로 결과물을 공유하며 피드백 한다.

3. 호일워크 블로킹 체크리스트

체크사항	상	중	하	기타의견
정확한 블로킹				
호일워크 자세				
호일 배열				
호일링 완성도				
약액 도포량				

4. 실습 방법

1. 작업은 네이프에서 탑, 사이드에서 프린지 순으로 진행한다. 1cm폭을 가로로 슬라이스 한다.

2. 그 판넬을 다시 1/2로 나눈 후 상단 슬라이스를 뜨개질 하듯 잡아낸다.

3. 호일 상단 1cm를 꼬리빗을 이용하여 안으로 접어주고 모근 가까이 흘러내리지 않도록 텐션을 준 후, 왼손으로 보발을 고정한다.

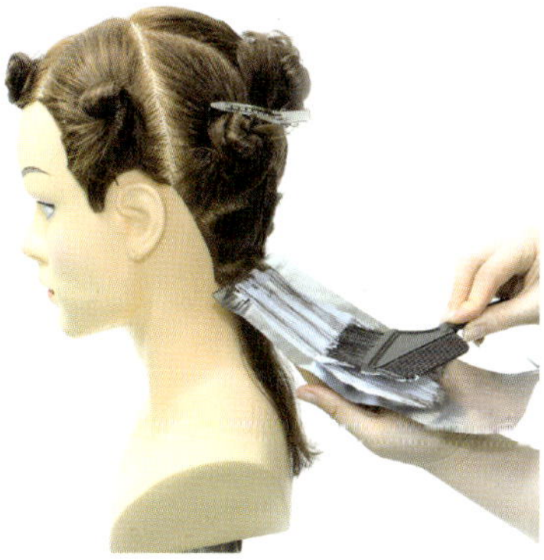

4. 모근에서 약 1cm정도 떨어진 부분부터 약액을 골고루 도포한다.

5. 호일을 1/2으로 접어준다.

6. 하단 1/3을 더 접어준다.

7. 호일의 양 사이드를 꼬리빗을 이용하여 안쪽으로 1cm정도 접어준다.

8. 위 순서를 동일하게 적용하여 전체를 완성한다.

9. 풀헤드 (Full head) 완성

5. 실습 결과

before

after

앞

옆

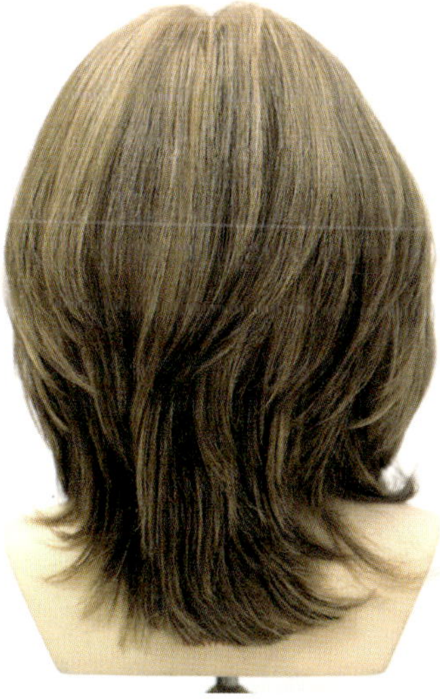

뒤

3) 응용 테크닉

① 음영 콤비네이션

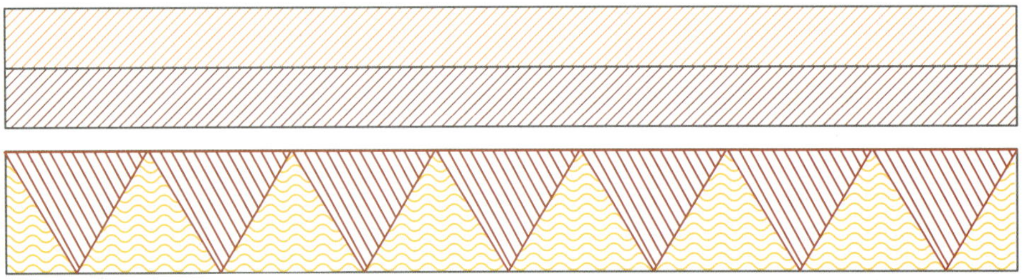

TIP

베이스 컬러 : 가장 많은 범위를 차지하는 전체 색상
하이라이트 컬러 : 베이스 컬러보다 밝은 색상
로우라이트 컬러 : 베이스 컬러보다 어두운 색상
포인트 컬러 ; 디자인에서 강조하고 싶은 색상

하이라이트 컬러와 로우라이트 컬러, 베이스 컬러와 포인트 컬러 등을 배색으로 하여 한 슬라이스에 두 가지 색상을 콤비네이션 적용이 가능하다.
음영이 더욱 선명해져 색감의 깊이감이 연출가능하며 모발의 흐름이 강조되어 입체감이 증대된다.

② 디자인 존에 따른 심플 테크닉

슬라이싱(Slicing) 또는 위빙(Weaving)을 활용하여 호일을 4~8장만으로 쉽고 빠르게 연출 할 수 있는 심플 테크닉이다. 자연스러운 볼륨감과 음영연출이 가능하며 하이라이트 컬러, 로우라이트 컬러, 포인트 컬러 등 희망색상을 모두 적용 가능하다.

- 크라운 존(Crown zone)

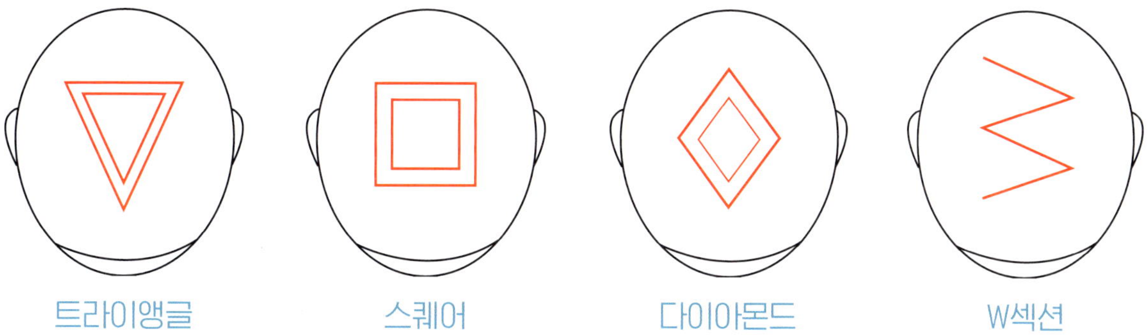

- 프린지 존(Fringe zone)

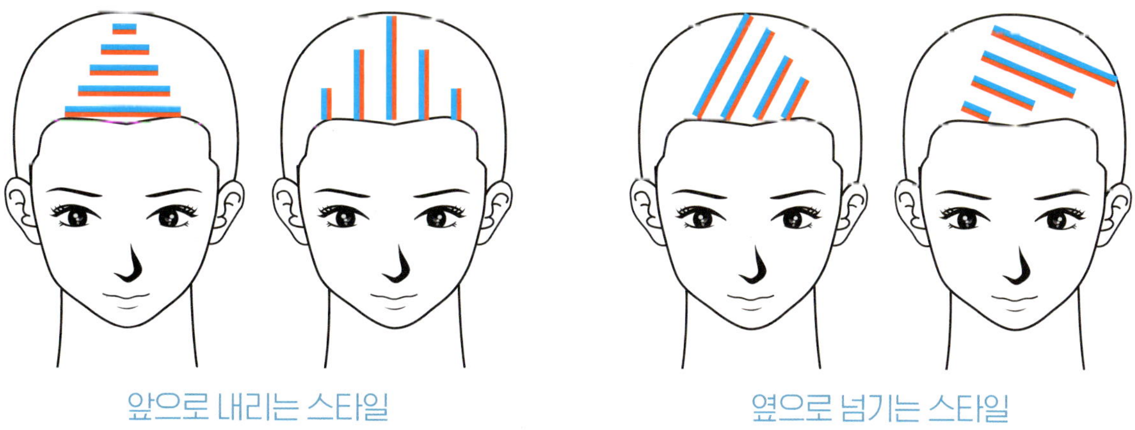

- 사이드 존(Side zone)

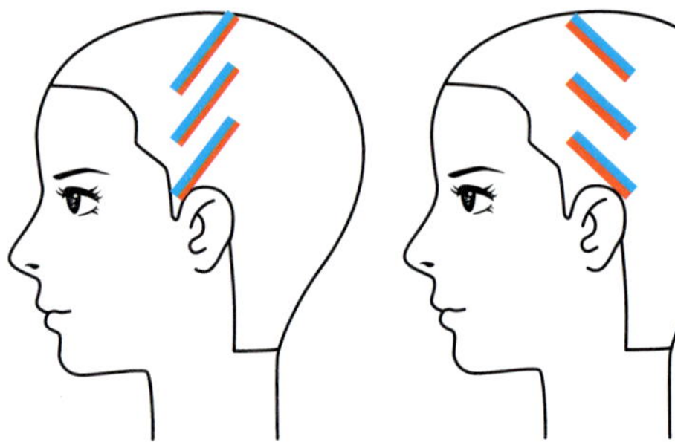

슬라이싱 위빙

Forward

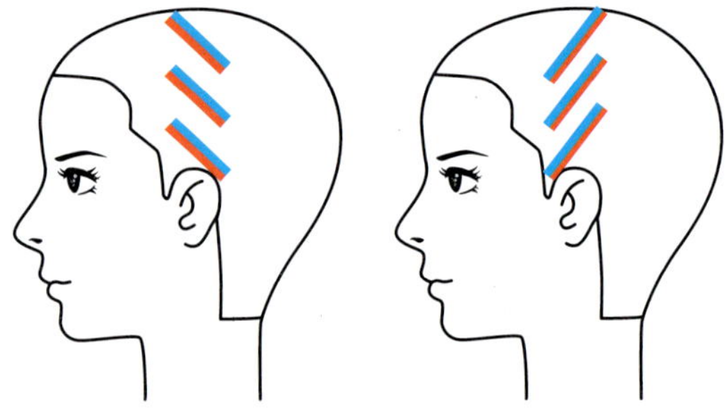

슬라이싱 위빙

Reverse

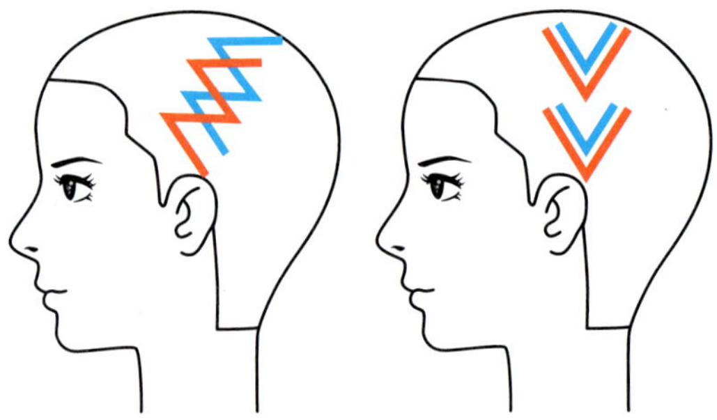

W섹션 V섹션

W & V

TIP

슬라이싱은 커트선 반대방향으로, 위빙은 커트선 방향으로 작업하는 것을 기본으로 한다.

③ 삼각형 칩(Chip)

삼각형 칩(Chip)은 모발 전체 또는 포인트 연출을 위한 기법으로 전체 또는 부분 적용 가능하다. 연출방법으로는 한 변의 길이가 2cm전후의 크기로 정 삼각 또는 역 삼각형을 섹셔닝을 하여 희망색을 연출하는 기법으로 다발감 연출에 탁월하다.

- 정삼각형 칩(Chip)모근쪽은 자연스럽고 길이로 갈수록 점차 색상의 표현력이 강해진다. 가는 모질이나 자연스러운 연출을 희망하는 고객에게 추천할 수 있다.

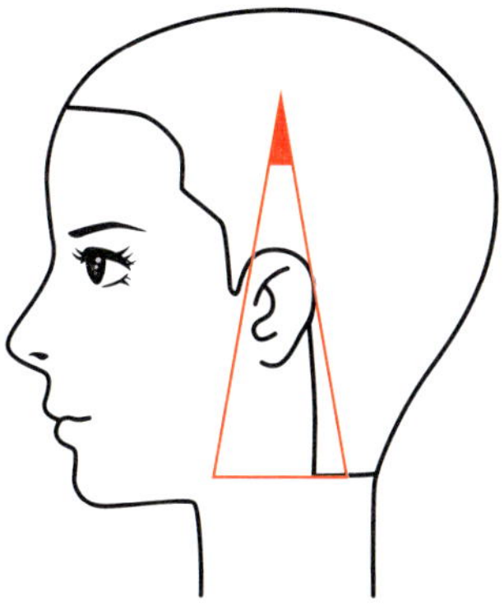

- 역삼각형 칩(Chip)모근쪽의 확실한 색상표현과 움직임 연출이 가능하고 길이로 갈수록 점차 자연스러워 진다. 포인트 컬러를 연출하고자 하는 고객에게 추천할 수 있다.

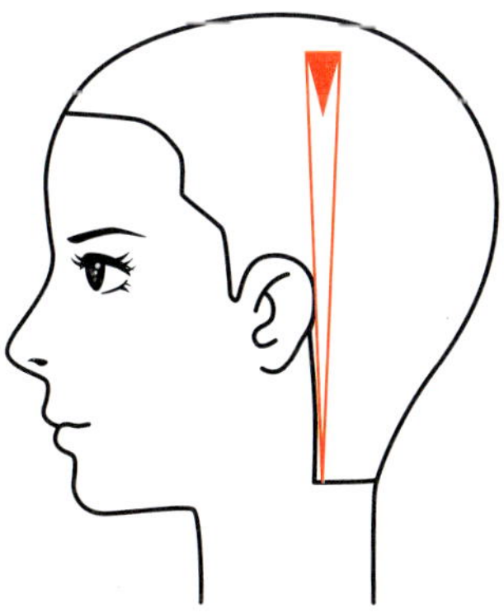
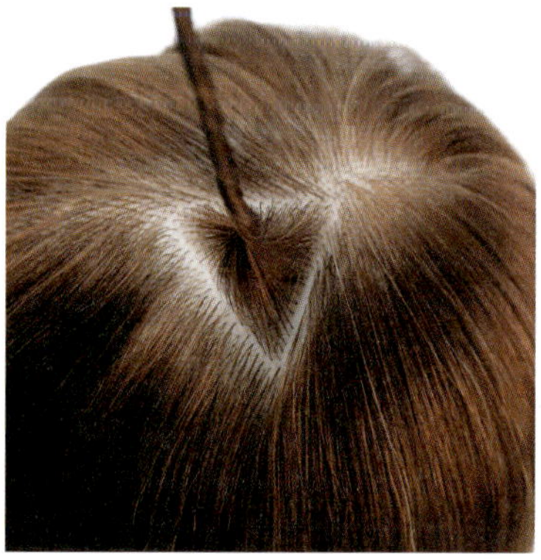

Exercise 8 파샬 헤드(Partial head) 호일워크(Foil work) 응용 실습

학습목표

- 삼각칩을 포함한 응용 기법 1가지를 파샬 헤드(Partial head) 호일워크에 적용할 수 있다.

1. 준비물

가발, 호일, 꼬리빗, 염색볼, 염색붓, 약제, 핀셋(U핀), 수건, 장갑, 드라이기, 샴푸, 컨디셔너, 전자저울

2. 트레이닝 가이드

① 1인 1가발로 실습을 진행한다.

② 실제 염모제/탈색제를 활용한다.

③ 크라운에 적용 가능한 심플 테크닉 1가지를 선택하여 데모를 보이고 가발을 이용해 직접 적용해 보도록 한다.

④ 사이드에 적용 가능한 심플 테크닉 1가지를 선택하여 데모를 보이고 가발을 이용해 사이드에 적용해 보도록 한다.

⑤ 삼각형 칩(정삼각/역삼각)을 데모를 보이고 가발을 이용해 후두부에 5개 이상씩 적용해 보도록 한다.

⑥ 작업이 끝나면 결과물을 서로 공유하며 피드백 한다.

3. 파샬헤드 호일워크 체크리스트

체크사항	상	중	하	기타의견
정확한 섹셔닝				
호일워크 자세				
호일 배열				
호일링 완성도				
약액 도포량				

7. WITH OUT 호일워크

(1) 프리핸드(Free hand) 기법

1) 발레아쥬(Balayage) 기법

발레아쥬(Balayage)는 프랑스어로 '빗자루' 라는 뜻을 가지고 있으며, 호일을 사용하지 않고 서서히 음영을 그라데이션 하는 기법을 말한다.

모(毛)다발 끝을 빗자루처럼 모은 후 탈색제 또는 염색제를 브러시를 세워 도포한다.

작업 적용 시 효과로는 모발 길이로 갈수록 점점 고명도 또는 저채도로 색이 움직이게 되면서 피부톤 보정 효과와 시선 분산 효과를 얻을 수 있으며, 획일적이지 않은 자연스러운 음영 표현이 가능하다. 얼굴형이나 희망하는 이미지에 따라 탈색(블리치)이 시작되는 부분을 조절할 수 있다.

〈사진출처 – 페이스북〉

Exercise 9 발레아쥬(Balayage)기법 실습

학습목표

- 발레아쥬 기법을 실제 적용할 수 있다.

1. 준비물

가발, 탈색제, 산화제6%, 핀셋, 플라스틱 판(또는 컷트빗), 전자저울, 염색볼, 염색붓, 장갑, 수건, 드라이기

2. 트레이닝 가이드

① 1인 1가발로 실습을 진행한다.

② 탈색제 기본 블리치 비율을 활용한다.

③ 4등분 블로킹 및 발레아쥬 기법을 데모를 보이고 가발을 이용해 실제 적용해 보도록 한다.

④ 작업각도와 브러시 사용법을 수시로 체크한다.

⑥ 작업이 끝나면 결과물을 서로 공유하며 피드백 한다.

3. 발레아쥬 기법 체크리스트

체크사항	상	중	하	기타의견
정확한 섹셔닝				
작업 자세				
브러시 각도				
약액 도포량				
완성도				

4. 실습 방법

1. C.P~N.P까지, T.P~E.B.P 까지 4등분으로 블로킹 한다.

2. 네이프부터 작업에 들어가며 한 판넬의 크기는 가로 8cm전후, 세로 2cm 전후로 하여 모 다발을 끝 쪽으로 모아 잡는다. 작업시 판넬의 각도가 30° 이상 높아지지 않도록 주의한다.

3. 브러시를 세워 모 다발의 양 끝 면부터 약액을 도포한다. 모근에서 1~2cm 떨어진 지점부터 작업하며, 브러시 각도를 눕히게 되면 띠가 생기거나 약액이 뭉칠 수 있으니 주의한다.

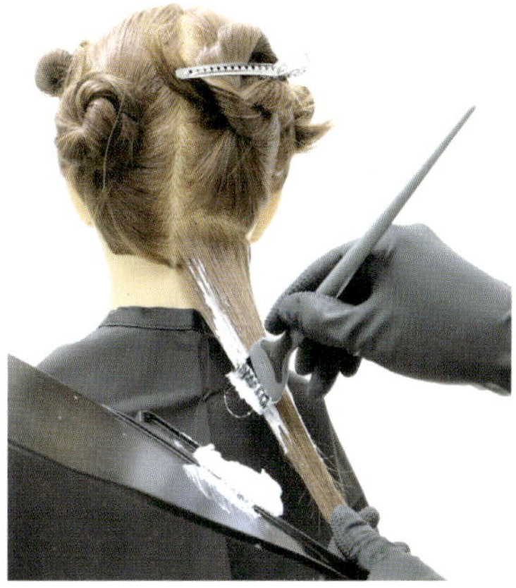

4. 그라데이션이 시작되는 부분은 V자 모양이 되도록 하여 길이로 갈수록 점점 약액의 양을 늘려 도포한다.

5. 시이드도 동일한 방법으로 진행한다.

TIP 여기서 잠깐!

작업이 끝난 후 컬러 토닝을 희망할 경우, 난색계로 언더톤의 밝기를 오렌지색까지, 한색계로 언더톤의 밝기를 옐로우 이상까지 탈색(블리치) 작업을 하도록 한다.

6. 원하는 밝기가 나오면 세척(샴푸 + 컨디셔너)하여 마무리한다.

5. 실습 결과

before

after

앞

옆

뒤

2) 콤(Comb) 기법

콤(Comb)는 영어로 '빗'을 뜻한다. 호일워크가 적용 불가한 쇼트헤어에 적용가능하며. 빗과 염모제만을 사용하여 원하는 부위에 자유롭게 컬러링 할 수 있다.
수평파팅으로 네이프부터 탈색(블리치)이 시작되며 헤어 라인은 제외하고 탈색(블리치)한다. 컷트선이나 질감을 돋보이게 하는 효과를 얻을 수 있는 것이 특징이며 하이라이트 컬러, 로우라이트 컬러가 모두 적용가능하다.

Exercise 10 콤(Comb)기법 실습

학습목표

- 콤(Comb) 기법을 실제 적용할 수 있다.

1. 준비물

가발, 탈색제, 산화제6%, 핀셋, 컷트빗, 전자저울, 염색볼, 염색붓, 장갑, 수건, 드라이기

2. 트레이닝 가이드

① 1인 1가발로 실습을 진행한다.

② 탈색제 기본 블리치 비율을 활용한다.

③ 주의사항을 설명하며 네이프 부터 데모를 보인다.

④ 모근쪽 약액이 뭉치지 않도록 주의한다.

⑤ 작업이 끝나면 결과물을 서로 공유하며 피드백 한다.

3. 콤 기법 체크리스트

체크사항	상	중	하	기타의견
콤 활용도				
약액 도포량				
창의력				
완성도				

4. 실습 방법

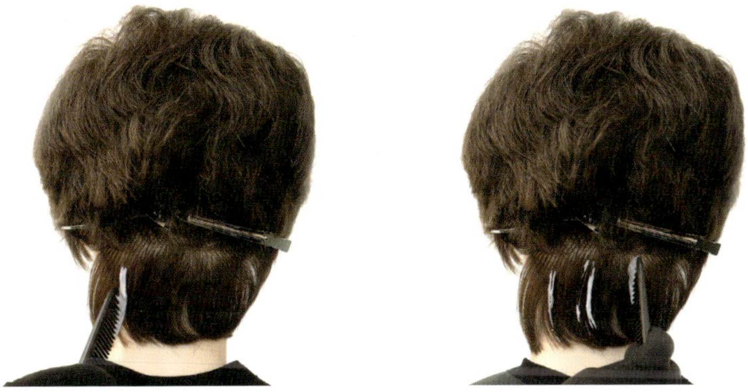

1. 네이프부터 수평파팅으로 섹셔닝한 후 빗 끝 쪽에 약액을 묻혀 음영을 연출하고 싶은 부위에 자유롭게 도포한다. 모근부 1cm를 제외 후 작업하며 약액뭉침에 주의한다.

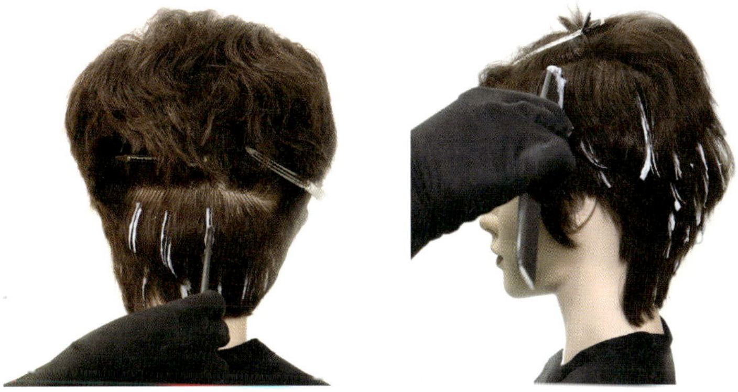

2. 2cm간격으로 이전섹션과 동일하게 사이드까지 진행한다.

5. 원하는 밝기가 나오면 세척(샴푸+컨디셔너)하여 마무리한다.

| 유사기법 | 컬러 캡(Color Cap)을 이용한 기법

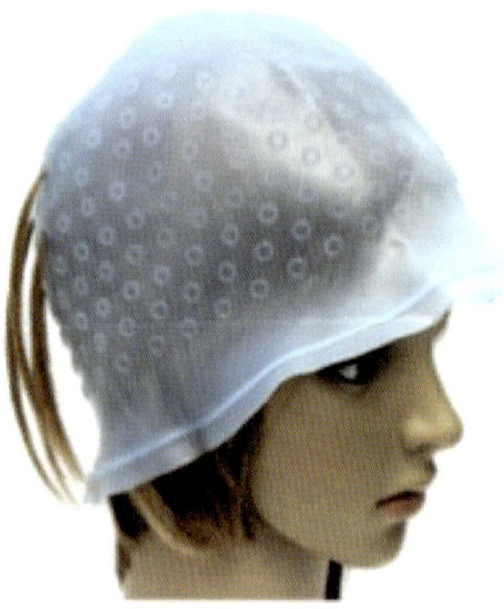

① 모발을 가지런히 한 다음 실리콘 모자(Cap)을 씌운다.

② 모발을 밝게 하고 싶은 만큼의 양에 따라, 코바늘을 가지고 모자(Cap)의 구멍을 통하여 모발의 가닥 을 깨끗하게 잡아 뽑아낸다.(이때 코바늘을 두피에 대해 15~20mm 정도를 유지하여 두피에 손상을 주지 않도록 한다)

③ 강조효과를 높이고 싶은 경우, 모든 구멍을 이용하여 모발을 충분히 밖으로 빼어낸다.

5. 실습 결과

before

after

앞

옆

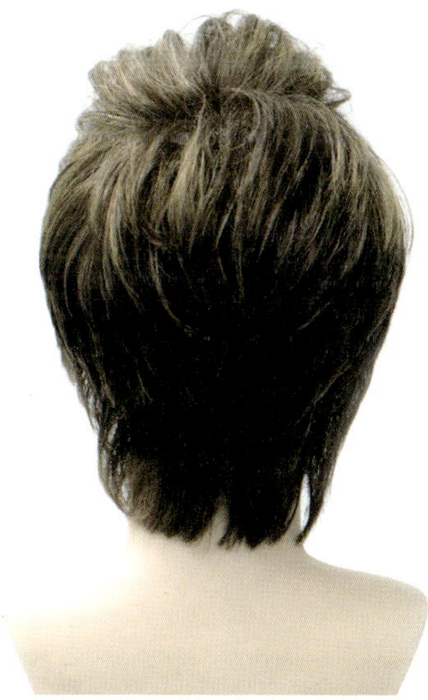

뒤

(2) 존 섹션(Zone section) 기법

호일을 사용하지 않고 구획만 분리하여 2가지 이상의 컬러를 작업하는 기법으로 흔히 '투톤컬러' 라고도 한다. 다양한 형태의 섹션 적용이 가능하여 별도의 추가시간이 많이 소요되지 않아 작업이 편리하며 시각적 효과 또한 큰 것이 특징이다.

명도대비를 이용한 배색 적용 시 얼굴형의 콤플렉스를 보완할 수 있는 장점이 있으며 색상대비나 채도대비를 이용한 배색 적용 시, 개성 있고 트렌디한 이미지를 연출할 수 있다.

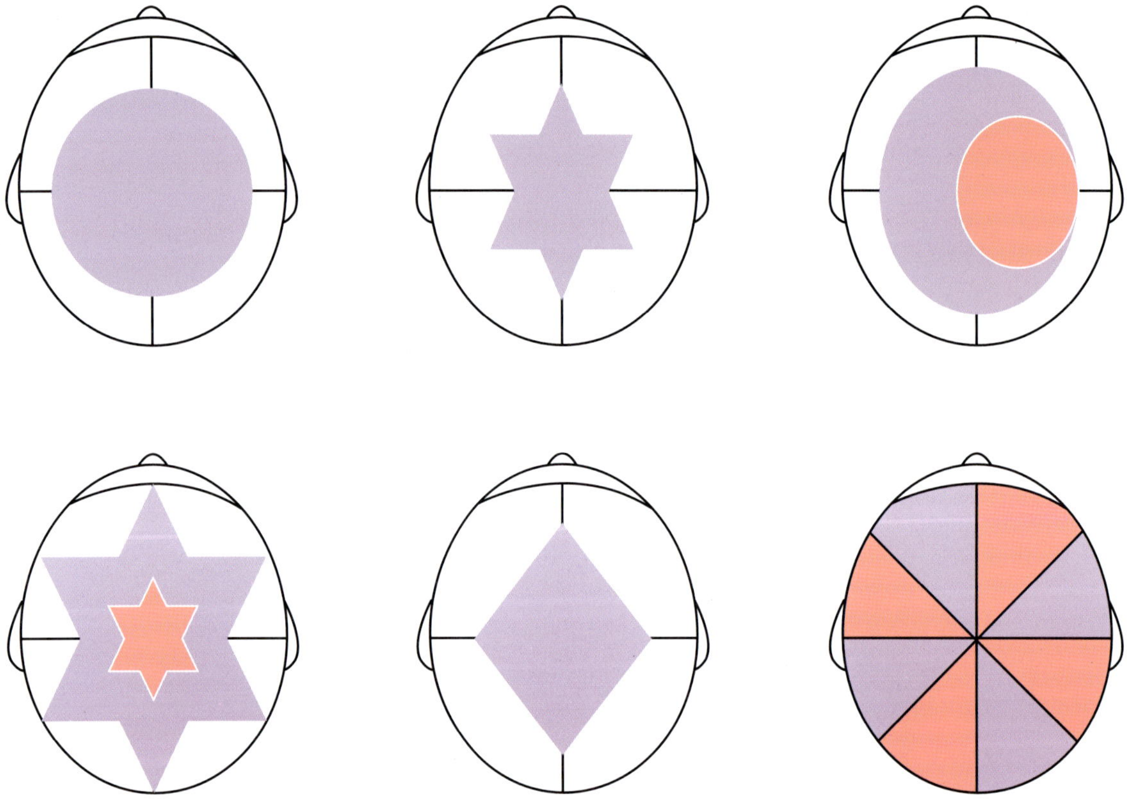

존섹션 예시

얼굴형에 따른 디자인 적용 예시

얼굴형	연출방법 상담 팁	디자인 적용하기
계란형	얼굴형을 더욱 돋보이게 연출	모든 스타일링 적용 가능
둥근형	세로로 확장감 연출 ex 탑 부분 볼륨감 연출을 위한 하이라이트 컬러 적용, 페이스라인은 축소효과를 위해 로우라이트 컬러 적용	
각진형	하관이 부각되지 않도록 연출 ex 탑 부분에 하이라이트 컬러, 턱 주변에 로우라이트 컬러 적용하여 시선분산	
긴 형 (장방형)	가로로 확장감 연출 ex 탑 부분에 로우라이트 컬러, 페이스라인과 사이드부분 하이라이트 컬러 적용	
역삼각형	이마가 좁아 보이도록 연출 ex 사이드 아랫부분 볼륨감 표현을 위해 길이로 갈수록 점점 밝아지는 명암 적용	

Exercise 11,12 존 섹션(Zone section)기법 실습

학습목표

- 존 섹션기법(라운드, 스타섹션 등)을 실제 적용할 수 있다.

1. 준비물

가발, 탈색제, 염모제, 산화제, 염색볼, 염색붓, 장갑, 핀셋, 전자저울, 수건, 샴푸, 컨디셔너, 드라이기

2. 트레이닝 가이드

① 3인 1조로 라이브 실습으로 실습을 진행한다.(라이브 실습 불가 시 2인 1가발 진행)

② 염모제 또는 탈색제를 목적에 맞게 사용할 수 있도록 가이드 한다.

③ 가발을 이용해 데모를 보이며 커트선/스타일링에 따른 응용예시를 설명한다.

④ 색이 섞일 수 있으니 컬러 마무리 시 에멀전은 삼가도록 안내한다.

⑤ 작업이 끝나면 결과물을 서로 공유하며 피드백 한다.

3. 존 섹션 체크리스트

체크사항	상	중	하	기타의견
약액 선정				
약액 도포량				
창의력				
완성도				
뒷 정리				

1) 라운드 섹션

라운드 섹션은 탑 존과 언더 존을 나누어 두 가지 이상의 컬러를 배색하는 기법으로 단차에 따라 원의 크기가 달리 적용될 수 있다.

① 실습 순서

1. TOP부분에 큰 원을 만들어 섹셔닝 한다

2. 두 섹션에 각각 다른 컬러를 도포하고 25~30분 방치 후 세척(샴푸 + 컨디셔너)한다.

[예시] 1. **Top** / Under zone – 하이라이트
Top / **Under** zone – 로우라이트
2. **Top** / Under zone – 탈색(블리치) 후 전체 희망색으로 토닝

② 실습 결과

before

after

앞

옆

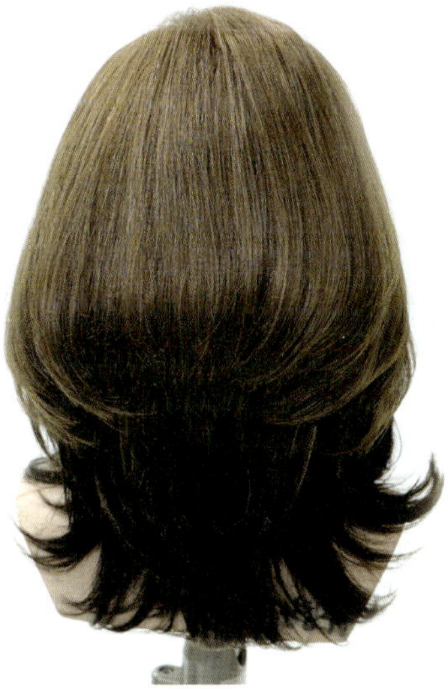

뒤

2) 스타 섹션

스타 섹션은 주로 레이어가 있는 커트스타일에 많이 적용되며, 탑 존과 언더 존을 나누어 두 가지 이상의 컬러를 배색하는 기법으로 라운드섹션에 비해 좀 더 자연스러운 연출이 가능하다. 스타의 크기도 단차나 희망이미지에 따라 조절이 가능하며 스타섹션 테두리에 호일을 적용하여 응용할 수도 있다.

Six edge(6꼭지) 예시

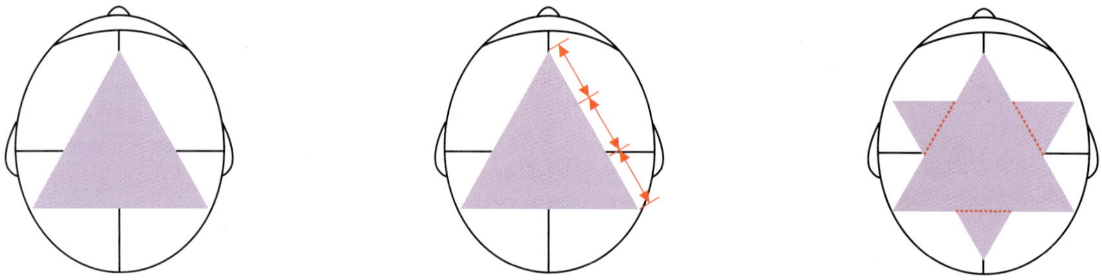

Five edge(5꼭지) 예시

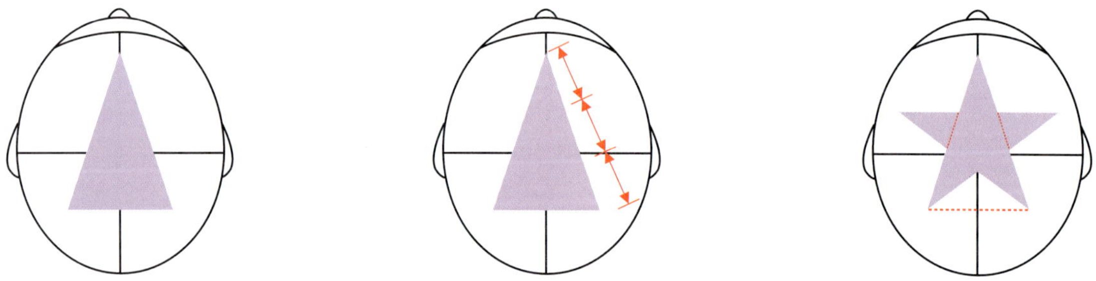

① Top zone과 Under zone 분리하기

1. 호일을 20cm미만으로 여러 장 잘라 스타 섹션의 변과 변을 연결하여 준다.
2. 연결한 호일은 핀컬핀 또는 염모제의 점성을 활용하여 호일이 흘러내리지 않도록 고정한다.
3. Top zone과 Under zone을 나누어 염모제를 도포 한 뒤 방치시간 후 테스트를 본다.
4. 호일을 제거하지 않은 상태에서 저명도 / 고채도를 먼저 헹군 후 전체 샴푸를 시술한다.

TIP

여기서 잠깐!

존 섹션의 Top zone에 하이라이트를 연출하는 경우

세로형 확장감을 연출하고자 할 때 ex. 키가 작거나 둥근 형의 얼굴형

존 섹션의 Under zone에 하이라이트를 연출하는 경우

가로형 확장감을 연출하고자 할 때 ex. 키가 크거나 긴 형의 얼굴형

② 실습 순서

1. TOP부분에 별모양을 만들어 섹셔닝 한다.
별 꼬리의 갯수가 증가할수록, 엣지가 깊을수록 자연스러운 연출이 가능하다.

2. 섹션에 각각 다른 컬러를 도포하고 25~30분방치 후 세척(샴푸 + 컨디셔너)한다.

[예시] 1. **Top** / Under zone – 하이라이트
Top / **Under** zone – 로우라이트
2. **Top** / Under zone – 블리치(탈색) 후 전체 희망색으로 토닝

③ 실습 결과

before

after

앞

옆

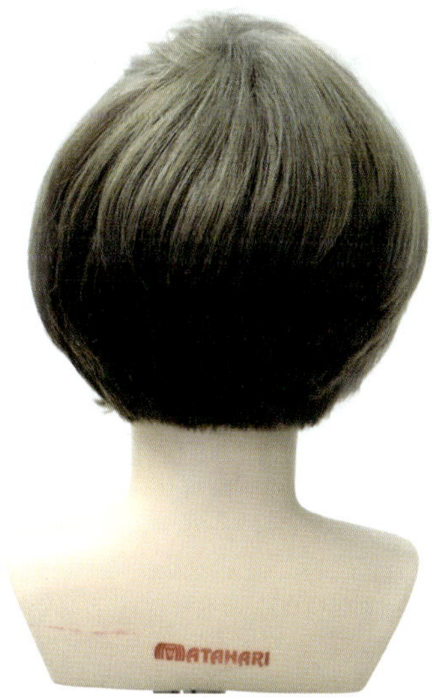

뒤

Exercise13 디자인 컬러 도해도 분석하기

학습목표

- 다양한 디자인 컬러 적용 예시를 보고 도해도를 분석 할 수 있다.

1. 준비물

패션잡지 1권, 가위, 풀, 교과서, 펜

2. 트레이닝 가이드

① 4인1조로 진행하며 2인에 잡지 1권씩을 준비하도록 한다.
② 2가지 스타일의 디자인 컬러를 랜덤으로 스크랩하여 분석하도록 한다.
③ 분석시간은 20분을 넘지 않도록 하며, 분석이 끝나면 각 조별로 도해도를 공유하도록 한다.
④ 각조에서 1작품 씩 나와서 발표할 수 있도록 한다.
⑤ 발표가 끝나면 분석결과에 대한 피드백을 한다.

3. 도해도 분석 체크리스트

체크사항	상	중	하	기타의견
분석력				
정확도				
창의력				
발표력				

디자인 컬러 도해도 분석하기

분석사진 1

컬러분석

디자인 컬러 적용 기법

디자인 컬러 적용 파팅

도해도

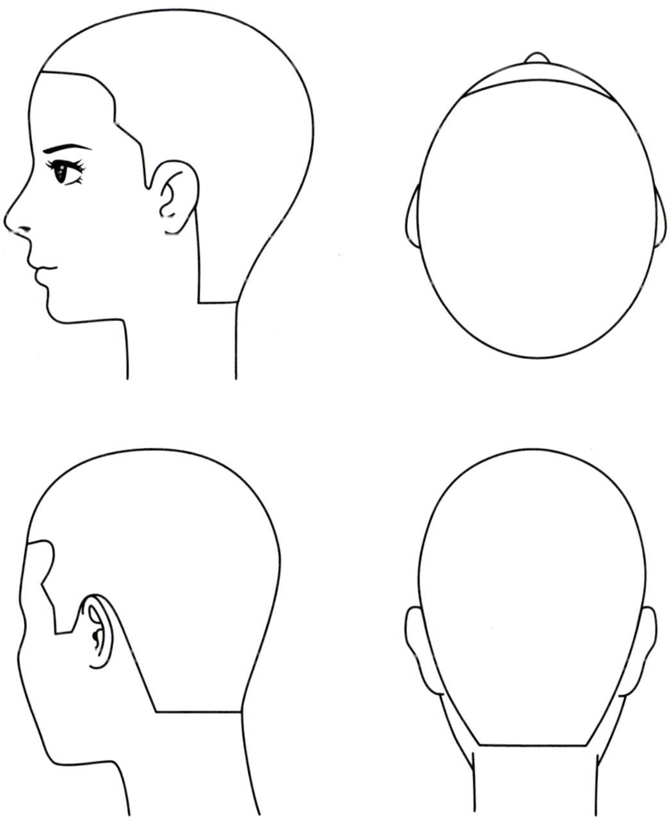

디자인 컬러 도해도 분석하기

분석사진 2

컬러분석

디자인 컬러 적용 기법

디자인 컬러 적용 파팅

도해도

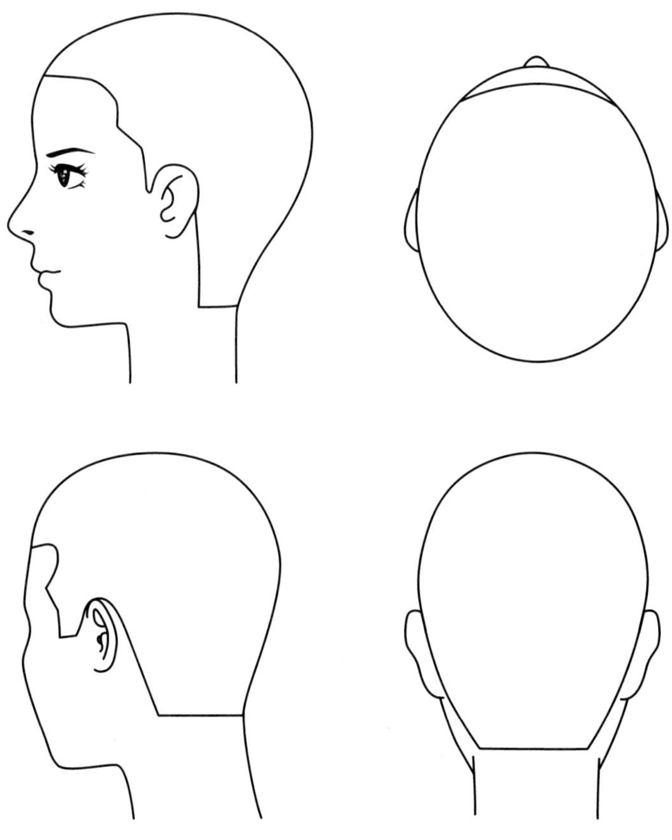

디자인 컬러 도해도 분석하기

분석사진 2

컬러분석

디자인 컬러 적용 기법

디자인 컬러 적용 파팅

도해도

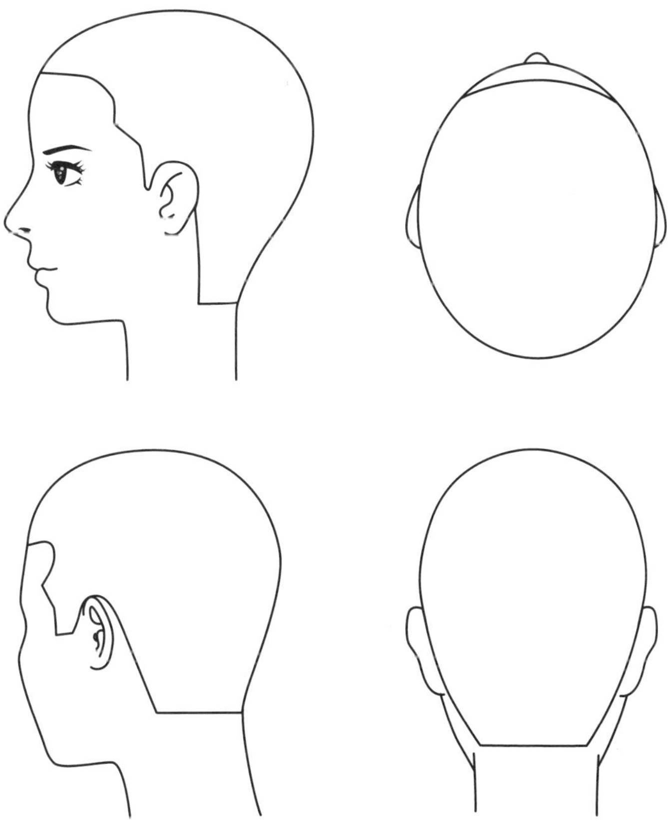

8. 디자인 컬러 마무리하기

디자인 컬러는 모든 과정이 결과에 영향을 미치지만 특히 마무리 과정이 완성도나 만족도에 많은 영향을 미친다. 염색방법이나 디자인에 따라 달리 마무리를 적용해야 하며 색상 유지를 위해 주의할 사항들도 체크가 필요하다.

(1) 디자인 컬러 샴푸하기

원 컬러(One-color) 염색이나 단일 염색 과정(One-step tints)에서 에멀전 작업은 균일한 착색 및 잔류 알칼리 및 색소제거를 위한 필수적 요소로 권장되지만, 디자인 컬러나 이중 절차 염색(Two-step tints)작업 시에는 얼룩발생의 요인이 될 수 있으므로 권장되지 않는다.

두 가지 이상의 컬러를 적용했다면, 고명도 보다는 저명도를 먼저 헹구고 저채도 보다는 고채도를 먼저 헹구는 것을 원칙으로 한다. 명도나 채도의 차이가 클 경우, 먼저 헹궈낸 색상에 컨디셔너를 적용 시킨 후 다른 색상을 헹구어야 한다. 그래야 색이 서로 섞이지 않고 마무리 될 수 있다.

예를 들면 베이스컬러는 어둡게 염색하고 호일워크로 하이라이트 컬러를 사용했다면, 베이스 컬러를 먼저 헹군 후 호일을 제거하고 샴푸하여 마무하도록 한다.

1. 저명도, 고채도 컬러를 먼저 헹군다.

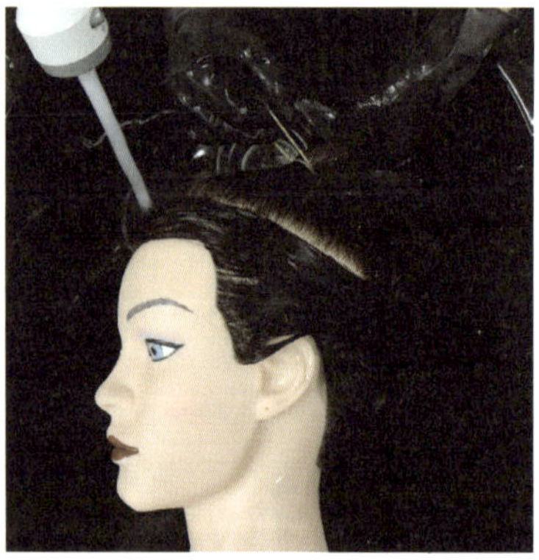

2. 고명도, 저채도의 컬러를 그 다음에 헹군다.

1. 컬러전용 샴푸제를 적용하여 샴푸한다.

4. 컬러전용 트리트먼트 / 컨디셔너로 마무리한다.

(2) 후처리 제품사용하기

샴푸 시 사용하는 샴푸는 약산성의 pH를 가진 제품을 선택하는 것이 컬러의 유지력과 모발 보호력에 도움이 된다.
후처리 트리트먼트 사용은 염 · 탈색 과정에서 유실된 간충물질을 보충해주며 알칼리로 인해 팽윤된 모표피를 수렴 · 진정 시켜주는데 도움이 된다. 특히 열기구나 스티머 사용은 트리트먼트의 효과를 증대시켜주는 수단이 될 수 있다.

(3) 열기구 온도 체크하기

헤어컬러의 염료는 수분, 열, 자외선 등에 쉽게 퇴색/변색되기 때문에 마무리 시 드라이 온도는 유지력과 직접적인 영향이 있다.
염 · 탈색 직후 마무리 시 모발에 적용되는 열기구의 온도는 120~140도 정도가 적당하다. 이상의 온도를 적용하게 되면 퇴색/변색 뿐만이 아니라 케라틴 변성도 함께 일어나 급격한 손상을 초래할 수 있다.

(4) 홈 케어 제품 추천하기

염색은 작업과정도 중요하지만 사후 관리를 어떻게 하느냐에 따라 유지력 및 만족도가 매우 달라질 수 있다. 데일리 케어(Daily care)로는 컬러전용 샴푸, 컨디셔너, 논 알코올(Non Alcoholic) 에센스를 권장할 수 있고 위클리 케어(Weekly care)로는 컬러전용 트리트먼트를 권장 할 수 있다.

〈출처 : W사 카달로그〉

부록

BASIC HAIR COLOR PRO

모발 속의 멜라닌 색소량 분석하기

10																														
9																														
8																														
7																														
6																														
5																														
4																														
3																														
2																														
1																														

1차색, 2차색, 검정색 만들기

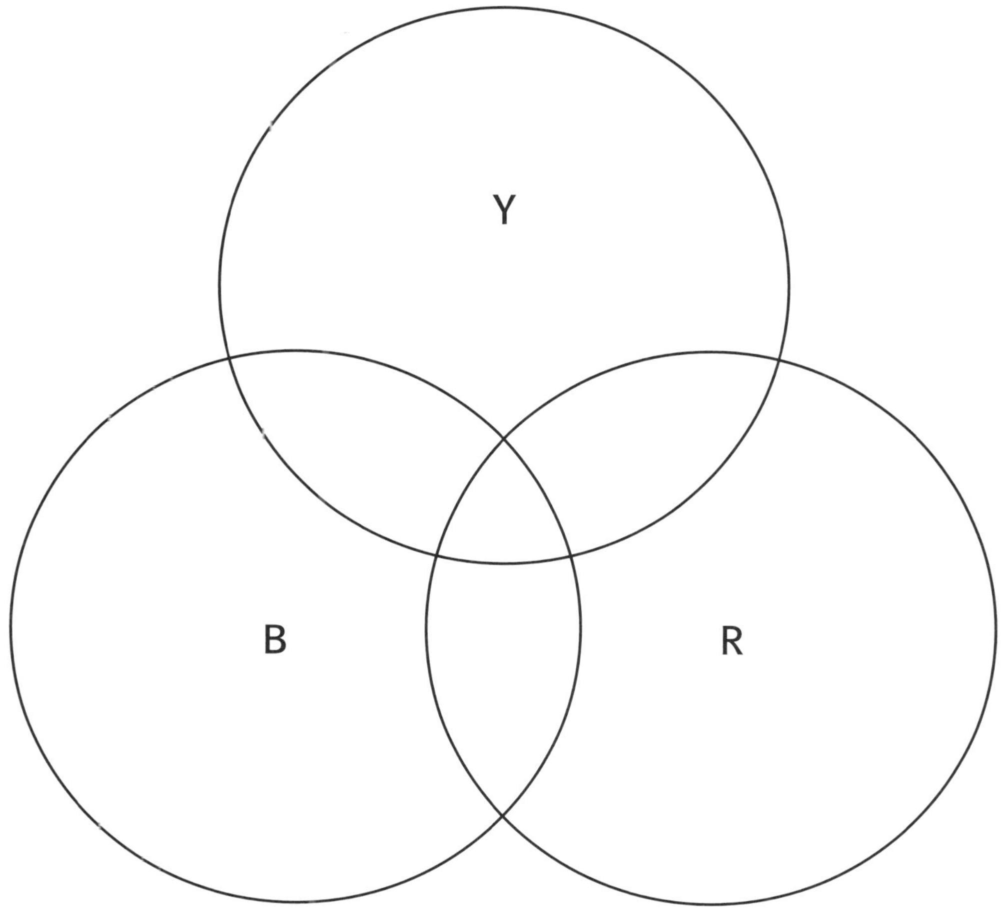

3차색 만들기

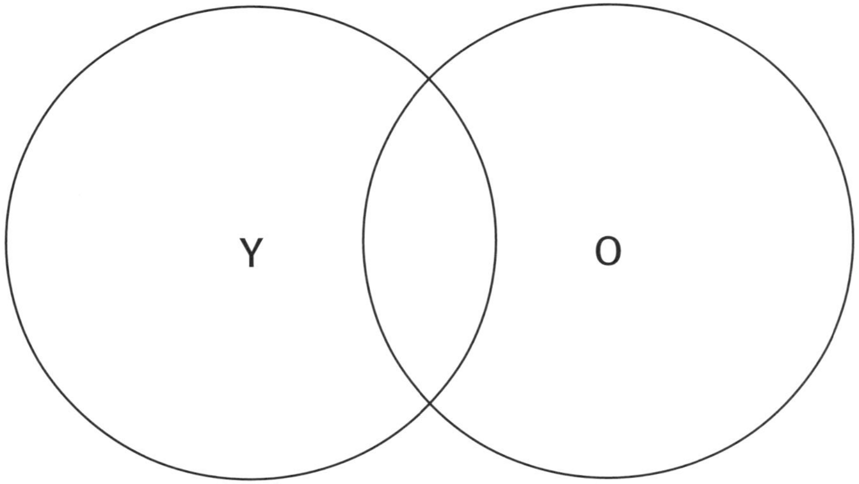

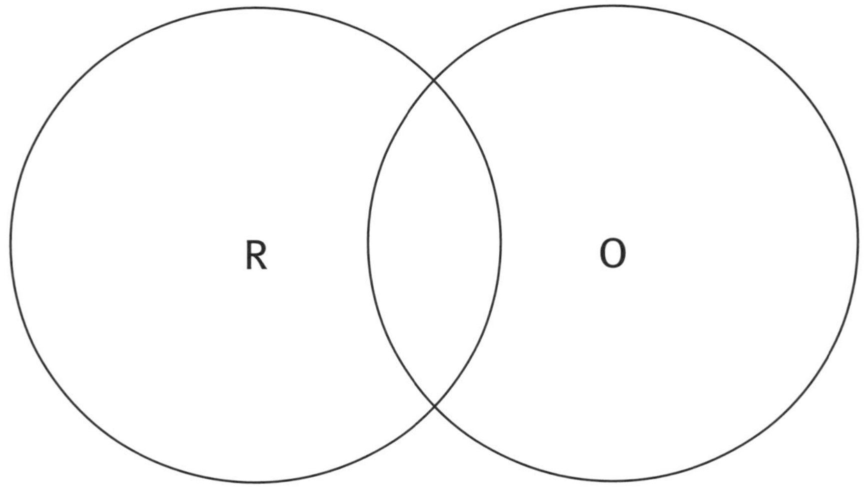

3차색 만들기

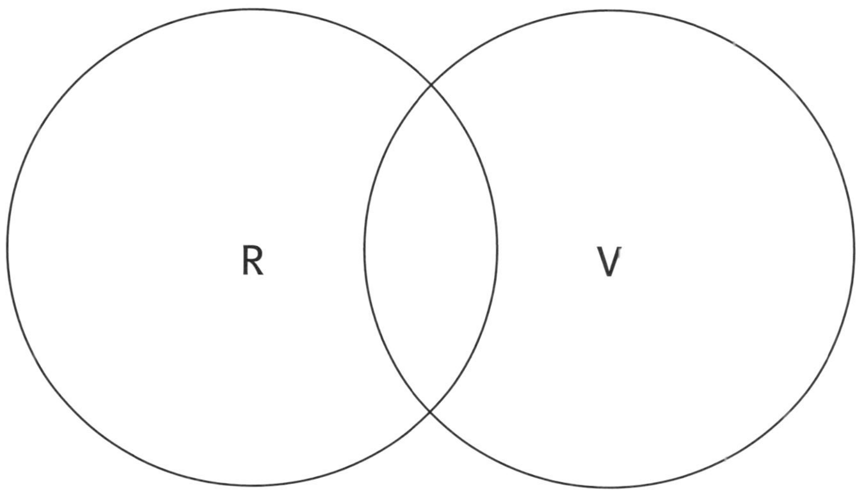

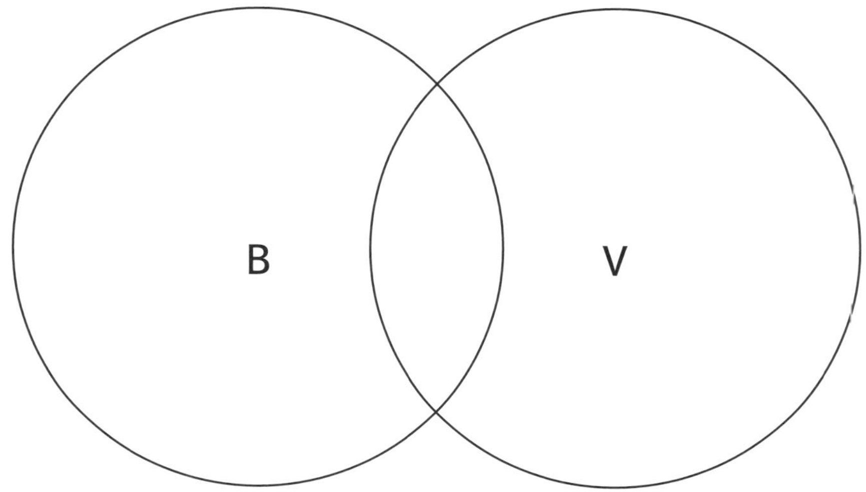

3차색 만들기

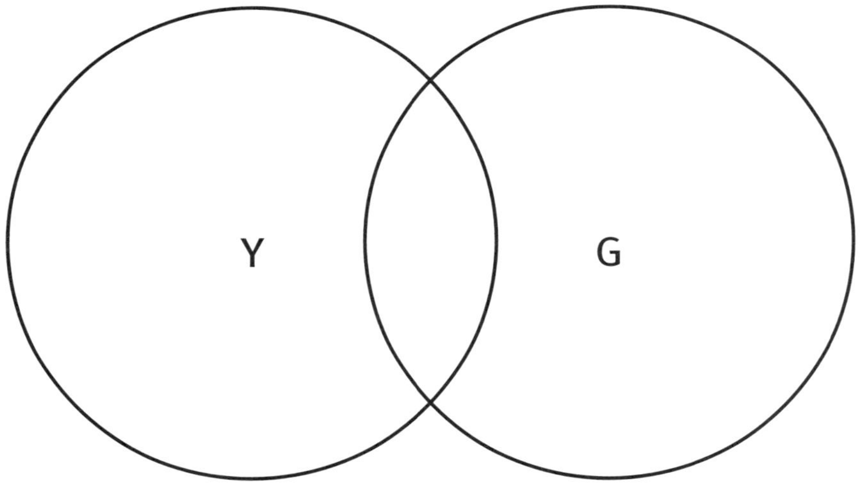

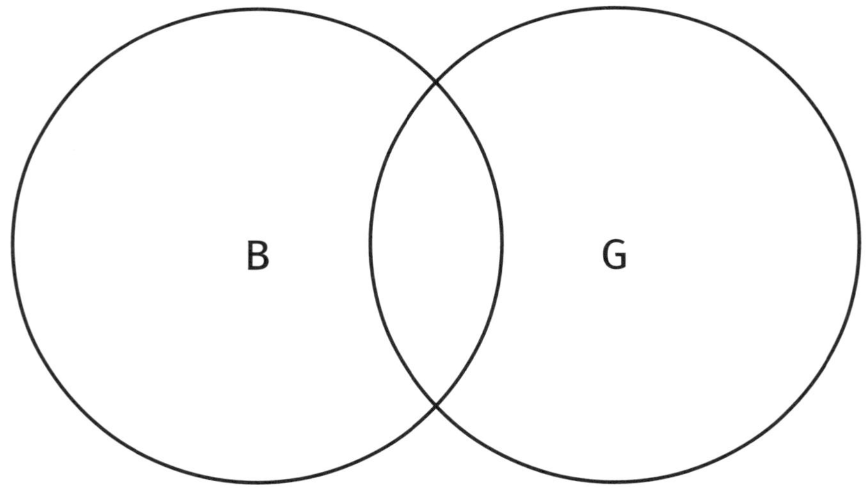

보색 만들기

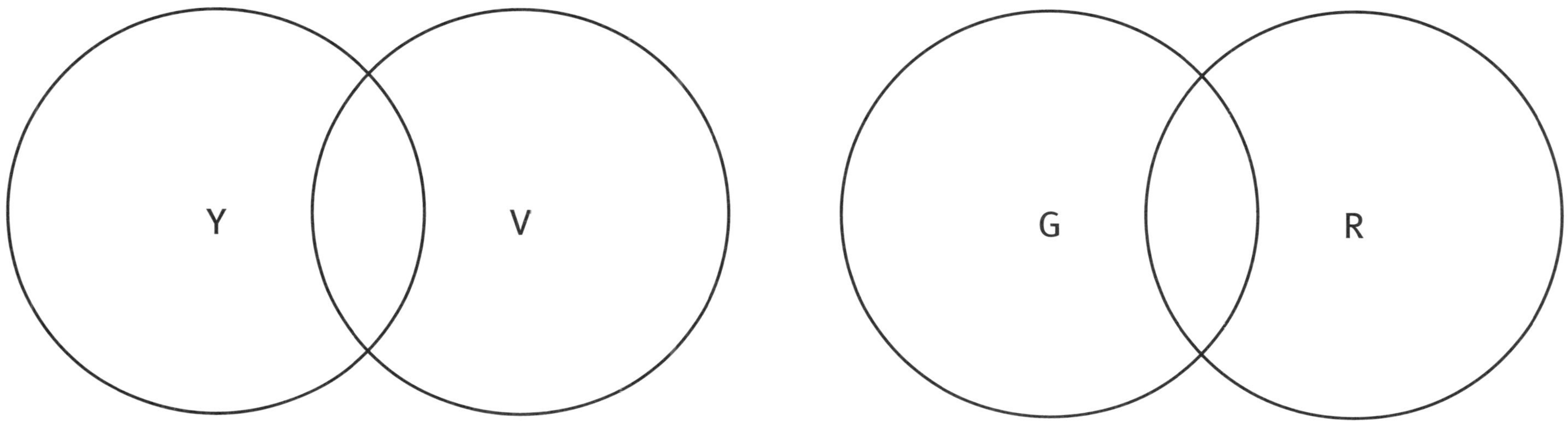

보색 만들기

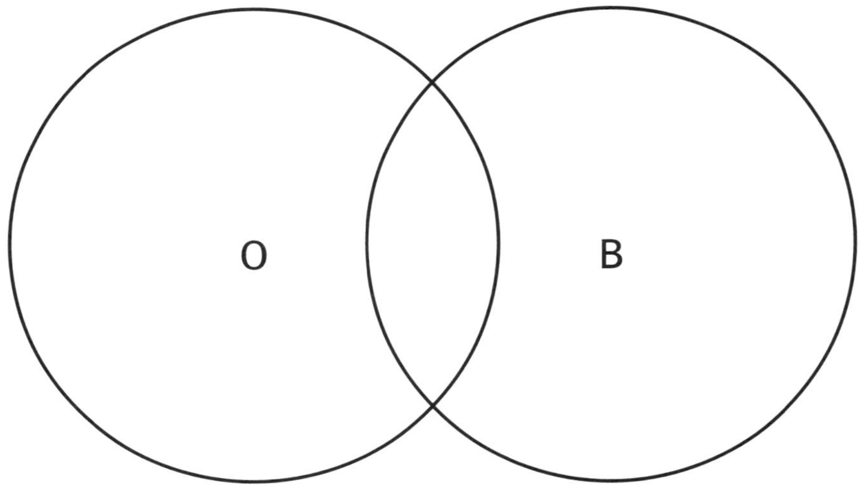

갈색, 검정색 만들기

Brown

Black

12 색상환 만들기

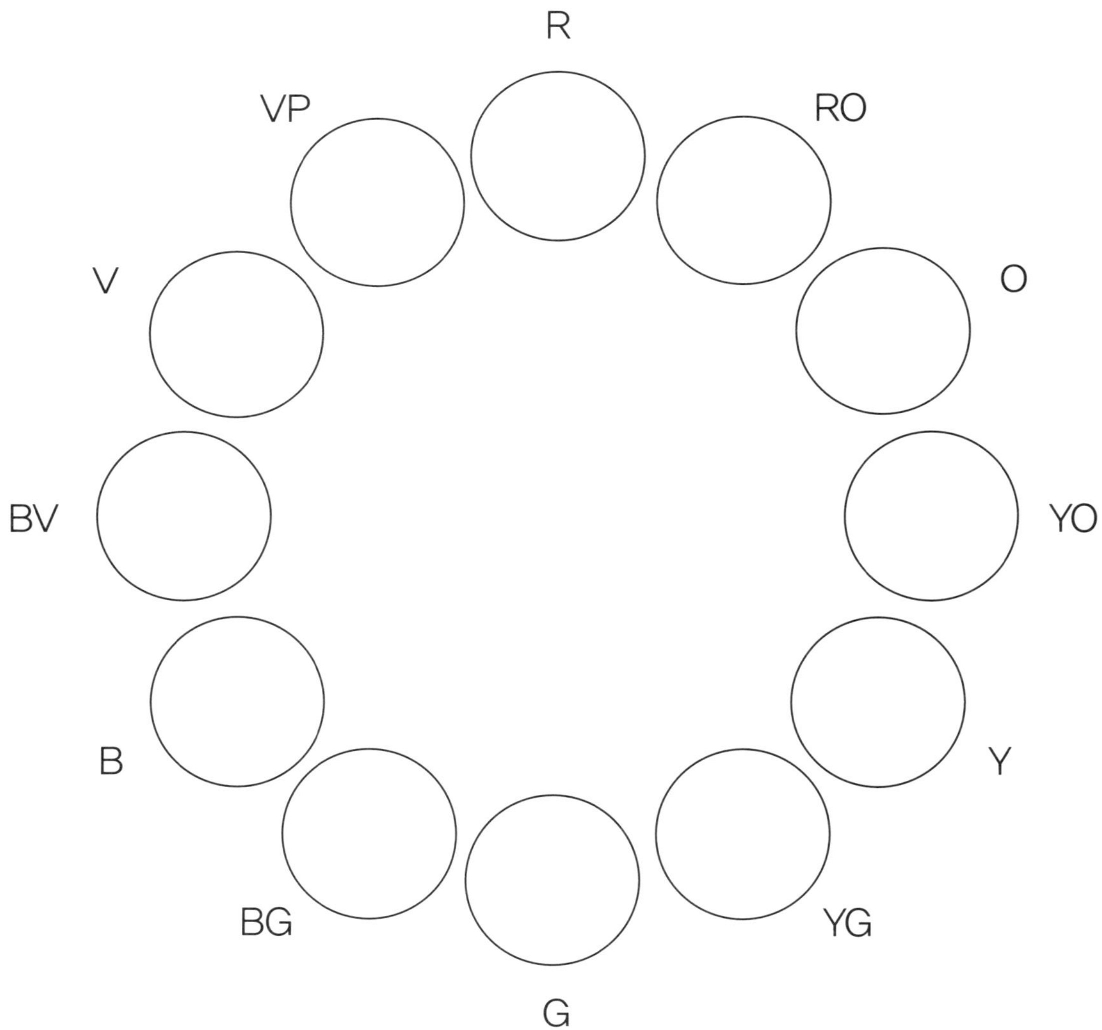

피스를 활용한 12 색상환 만들기 실습

학번		이름	

피스를 활용한 보색 중화

베이스 색상	Red	Yellow	Blue
보색 색상	Green	Violet	Orange

학번		이름	

자연모 10명도 레벨 스케일 만들기

자연모 레벨	1	2	3	4	5

	1	2	3	4	5
H_2O_2 농도					
탈색제 : 산화제					
방치시간					
결과명도					

학번		이름	

자연모 10명도 레벨 스케일 만들기

자연모 레벨	1	2	3	4	5
H_2O_2 농도					
탈색제 : 산화제					
방치시간					
결과명도					

학번		이름	

명도에 따른 반영구 염모제 도포

자연모 레벨	1	2	3	4	5
반영구 염모제 컬러 (　　　　)					
방치시간					
색상결과					

학번		이름	

명도에 따른 반영구 염모제 도포

자연모 레벨	1	2	3	4	5
반영구 염모제 컬러 (　　　　)					
방치시간					
색상결과					

학번		이름	

명도에 따른 반영구 염모제 도포

자연모 레벨	1	2	3	4	5
반영구 염모제 컬러 (　　　)					
방치시간					
색상결과					

학번		이름	

명도에 따른 반영구 염모제 도포

자연모 레벨	1	2	3	4	5
반영구 염모제 컬러 (　　　　)					
방치시간					
색상결과					

학번		이름	

명도에 따른 반영구 염모제 도포

자연모 레벨	1	2	3	4	5
반영구 염모제 컬러 (　　　　)					
방치시간					
색상결과					

학번		이름	

명도에 따른 반영구 염모제 도포

자연모 레벨	1	2	3	4	5
반영구 염모제 컬러 (　　　　)					
방치시간					
색상결과					

학번		이름	

명도에 따른 영구 염모제 도표

자연모 레벨	1	2	3	4	5
영구 염모제 컬러 (　　　)					
H_2O_2 농도					
1제 : 2제					
방치시간					
색상결과					

학번		이름	

명도에 따른 영구 염모제 도표

자연모 레벨	1	2	3	4	5
영구 염모제 컬러 (　　　)					
H_2O_2 농도					
1제 : 2제					
방치시간					
색상결과					

학번		이름	

명도에 따른 영구 염모제 도포

자연모 레벨	1	2	3	4	5
영구 염모제 컬러 (　　　)					

	1	2	3	4	5
H_2O_2 농도					
1제 : 2제					
방치시간					
색상결과					

학번		이름	

명도에 따른 영구 염모제 도포

자연모 레벨	1	2	3	4	5
영구 염모제 컬러 (　　　　)					
H_2O_2 농도					
1제 : 2제					
방치시간					
색상결과					

학번		이름	

명도에 따른 영구 염모제 도포

자연모 레벨	1	2	3	4	5
영구 염모제 컬러 (　　　)					
H_2O_2 농도					
1제 : 2제					
방치시간					
색상결과					

학번		이름	

명도에 따른 영구 염모제 도포

자연모 레벨	1	2	3	4	5
영구 염모제 컬러 (　　　　)					
H_2O_2 농도					
1제 : 2제					
방치시간					
색상결과					

학번		이름	

반영구 염모제를 활용한 파스텔 색상환 만들기 실습

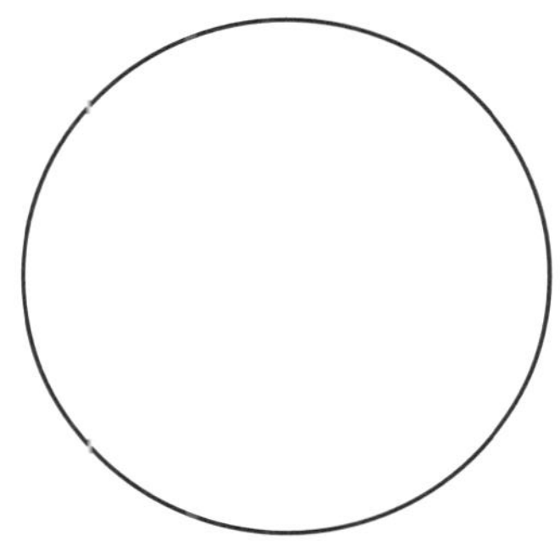

학번		이름	

컬러 체인지 실습

베이스 색상	Brown	Red	Green
보색 색상	Brown	Brown	Brown

학번		이름	

파스텔 컬러 만들기 실습

결과 색상	Ash	Blue	Violet

학번		이름	

Index

Index

ㅂ

Index

Index

Index

ㅈ

ㅊ

ㅋ

Index

ㅎ

Basic Hair Color Pro | 베이직 헤어컬러 프로 |

초판 인쇄 | 2019년 2월 28일
초판 발행 | 2019년 3월 7일
개정1판 발행 | 2023년 3월 15일

지은이 | 이재숙 · 김용순 · 김유라 · 전소리 · 문소희
발행인 | 조규백
발행처 | 도서출판 구민사
(07293) 서울특별시 영등포구 문래북로 116, 604호(문래동3가 46, 트리플렉스)

전화 | 02.701.7421~2
팩스 | 02.3273.9642
홈페이지 | www.kuhminsa.co.kr

신고번호 | 제2012-000055호(1980년 2월 4일)
I S B N | 979-11-6875-221-4 (93590)

값 32,000원